[英]弗兰克·塔利斯（FRANK TALLIS）著 许嫒 译

疯癫罗曼史

THE INCURABLE ROMANTIC

and Other Unsettling Revelations

北京联合出版公司
Beijing United Publishing Co.,Ltd.

目录

第一章
陷入妄想的律师助理
不接受拒绝的爱　　/ 1

第二章
鬼魂出没的卧室
不会衰竭的欲望　　/ 35

第三章
不存在的女人
猜疑与毁灭性的爱　　/ 57

第四章
无所不有的男人
恋爱成瘾　　/ 95

第五章
无可救药的浪漫
不可能的完美爱情　　/ 117

第六章
走入歧途的美国传教士
肉欲之罪　　/ 149

第七章
危险的"丝袜游戏"
B 医生和 O 小姐的警示　　/ 179

第八章
自恋的语言学家
折射回自身的欲望　　/ 197

第九章
被附身的打更人
罪恶感与自我欺骗　　/ 217

第十章
脑内犯罪的低级文员
变质的爱　　/ 253

第十一章
天生一对的怪胎
旁人无法理解的爱　　/ 275

第十二章
大脑切片
当我们解剖爱　　/ 285

致　谢　　/ 297

| Name: | Date: | Case Number: |

Progress Note

第一章

陷入妄想的律师助理

不接受拒绝的爱

我们面对面坐在两张高靠背的扶手椅上，中间隔着一张小桌子。不远处是专业心理治疗师的必备工具：一盒很容易拿到的纸巾——这可能是心理医生这个职业的所有装备中最不起眼的一件。我这辈子的很多时间都花在看别人哭上。

梅根是位45岁左右的女士，穿着保守，五官柔和圆润。她深棕色的头发剪成整齐的波波头，直发在下颌之下向内卷曲着。她有一张和善的面孔。休息时，她脸上仍保留着恭敬而有些局促的微笑。她的裙摆长度到膝盖之下，鞋子的式样也很朴素。在吹毛求疵的人眼里，她可算衣着土气。

她的全科医生给我发了一封介绍信，概述了她病情的要点。介绍信（通常先通过口述并用录音设备记录，再由秘书抄录）的语气是客观的，只体现姓名、年龄、住址和背景的简洁短句往往有减轻戏剧性的效果。然而，梅根的经历依然保留了相当大程度的戏剧性色彩。她的全科医生重点提炼出的描述未能抹去构成一个爱情悲剧的基本元素：极端的情感、不计后果的放纵、激情和欲望。

在梅根走进我的咨询室之前,我已经研究过介绍信,并自然而然地想知道她会是怎样一个人。我的大脑快速勾勒出一个适合此类情形的浪漫戏码的女主角。我原以为她会是一个身材瘦高、头发蓬乱、眼神恍惚的女人。我得承认梅根进来的时候我有点儿失望。

从某种程度上说,老生常谈自有其道理,外表可能是具有欺骗性的。人们在初次见面时看不出很多东西,而真正了解一个人需要大量观察。最初,我看到的只是一个律师助理的形象。事实上,坐在我面前的这个人远比一名普通的书记员奇特,但我在最开始无法跳出对律师助理的刻板印象。

几句开场白之后,我解释说,我已经看过她医生的介绍信。尽管如此,我还是想听听从她的角度对情况的描述。

"这很难。"她说。

"是的,"我表示同意,"我知道很难。"

"我能告诉你一些事,"她接着说,"我能告诉你发生了什么,但我很难表达自己的感受。"

"不着急,"我回答,"慢慢来。"

除了几次轻度抑郁,梅根从未有过任何严重的心理问题。"我从来没有过严重的抑郁,"她说,"我是说,不像我认识的某些人那么夸张。我只是以前有点儿心情低落,仅此而已。几周后,我的情绪就会好起来,感觉又正常了。"

"你能确定是什么引发抑郁的吗?"

"我的律师上司有时候要求很高。也许是压力太大了。"

我同情地点了点头，做了些笔记。

梅根已经结婚20年了。她的丈夫菲利普是一名会计，他们的婚姻一直很和睦。"我们没有孩子，"她主动说，"并不是我们决定不要孩子，只是一直没有遇到合适的时机。我们总想着'以后再说'，最后发现已经不需要再考虑这个问题了。有时我在想，有了孩子、做了母亲以后我的生活会是什么样子，但没有孩子我也没觉得有多遗憾。我觉得我没有错过什么，我相信菲尔[①]也是这么想的。"

两年前，梅根找到一位擅长复杂的拔牙手术的牙医看病。

"你还记得第一次见到他的情景吗？"

"达曼？"她直呼牙医名字这件事有点儿不寻常。这一点本来无关紧要，但在这个案例中却意义重大。

"维尔玛先生。"我并不是在纠正她，而只是在确认我们说的是同一个人。

她疑惑地看着我。我做了个小手势，鼓励她继续说下去。于是她说："他给我做了检查——告诉我应该把牙齿拔掉——然后我就回家了。"

"你觉得他有吸引力吗？你对他有什么感觉吗？"

"我觉得他很帅气，彬彬有礼，但是……"她摇了摇头，"我不知道。你看，这就是为什么我说难。这些事太难表达了。也

[①] 菲利普的昵称。——编者注

许一开始我就对他有感觉。是的,我可能感觉到了什么。我只是不确定发生了什么。我当时很糊涂。"

我从她的声音中察觉到一丝苦恼。"没关系……"

达曼·维尔玛给她做了手术。没有任何问题,一切都按计划进行。当全身麻醉药劲过去,梅根在醒来时感觉不一样了。"我意识到人们在我周围走动——是那两个护士……有声音,有说话声。我睁开眼睛,抬头看着天花板上的一盏灯,我记得当时我在想:我一定要见到他。我既不害怕也不担心。我不想知道手术进行得如何。我唯一希望的就是见到他。"

"为什么?"

"我只是……有这个需要。我觉得……我不知道该不该这么说……就是必须这样。"

"你想对他说些什么吗?"

"不。我只是想见到他。"

"我知道,但为什么呢?"我追问她,希望得到一个更确切的回答,但她不愿意或无法回答这个问题。

牙医被叫来了,来到术后休息室。他握着梅根的手,可能说了些让她宽心的话。她不记得那些话了,因为她根本没认真听。她已经完全被他的脸所吸引。那张脸英俊得超凡脱俗,在她看来集中体现了男性的主要美德——力量、能力、成就,令她心动不已。同时,她从他眼中发现了不同寻常的东西——他俩彼此爱慕、情投意合的证明。这出乎意料的发现几乎使她发出惊叹。他就像她想要他一样想要她。这种情感太明显了。她以前为什么没有发现呢？当他试图松手时，她把他的手抓得更紧了。他看起来有些尴尬。当然，他肯定会感到尴尬。在那种场合下，当着护士的面，他不能表露自己的感情。他怎么能在术后休息室里示爱呢？他要考虑自己的名声，毕竟他是专业人士。他笨拙地想要掩饰真相的表演让她有点儿想笑。她放开了他的手，但是知道他们之间的爱是如此强烈、难以抗拒。他们将一起度过余生，也很可能一起死去。她对这一点绝对肯定。

一位公主从沉睡中醒来，凝视着白马王子的眼睛。这是格林兄弟的童话《睡美人》（*Little Briar Rose*）中的一个场景。不过，早在格林兄弟之前100年，法国小说家夏尔·佩罗（Charles Perrault）就在《林中睡美人》（*The Sleeping Beauty*）中描述过类似的场景。

人类有可能这么迅速地深深坠入爱河吗？还是说，这种情况只会发生在童话故事里？我们在几毫秒内就能判断出一个对象是否具备吸引力。如果这个判断是肯定的，我们就会得出与之一致的推论：我们认为漂亮的人更可爱、友好和有趣。这是一种被心理学家称为"光环效应"（halo effect）的现象，存在大量记载。但是，梅根体验到的情况更加极端。陌生人之间似乎不太可能迅速建立起一种有意义且持久的联系。这怎么可能呢？双方互不相识。可有相当一部分人声称，他们经历过一见钟情，而且许多人还和一见钟情的对象修成了正果。一些心理学家认为，瞬间产生的好感从演化角度看具有某种优势。例

第一章 陷入妄想的律师助理 7

如，它加速了性接触，从而减少了对繁殖机会的浪费，增加了基因传递到下一代的可能性。这对个体（或至少对其基因）有利，最终对整个物种有利。一见钟情可能是一种非常基本的生物倾向。

梅根对维尔玛一见钟情也许并不是什么了不起的事，可她坚持认为她的感情得到了回应，对此确信不疑，这就完全是另一回事了。人们常谈到别人和自己脑回路一致，但很少有人会一口咬定自己对另一个人的想法和感受了如指掌，尤其是才经过如此短暂的交往。

"你怎么知道达曼·维尔玛爱上你了呢？"

"我就是知道。"

"是的，但你是怎么知道的？"

"我就是知道。"

一直重复的这句话让我们的交谈无法继续。我停下来思考打破僵局的最好方式是什么。从弗洛伊德的时代到现在，心理治疗师们大量使用的一种提问法被称为"苏格拉底式提问"。它被用来验证患者提出的假设，帮助患者更具批判性的思考。苏格拉底式提问往往在不直接质疑，而是温和而隐晦地提出疑问的情况下效果最好。这种方法比较贴近"绕过障碍，而不是直面它们"的东方智慧。

我问："为什么我们会相信一些事，而不信另一些事呢？"

梅根眯眼看着我，好像突然看不清我一样。"因为我们有理由……"

"那么你的理由是什么呢？你有什么理由相信达曼·维尔玛爱上了你？"

"这不是可以靠分析得出的东西。"

"也许你说得对，但我还是想谈谈这个问题。只是想看看我们能不能学到些什么？"

梅根保持着沉默。有时，在治疗过程中，寂静会突然降临，时间似乎停止了流逝。一切都静止了。在这种静止之中，即使是问一个问题也显得笨拙和强人所难。我换了个坐姿。这个简单的权宜之计打破了魔咒，时间又开始流动了。

"我能从他的眼睛里看出来。"

"你看到了什么？"

"他的需要。我们不是都能从别人的眼睛里看到东西吗？"她的防御态度让她的声音听起来很尖厉。

"我们是会解读别人的表情。但我们真的能只通过一个人的表情就知道他在想什么吗？"

"不一定。"

"你是达曼·维尔玛的患者，是你要求他给你看牙的。有没有可能是你误解了他的表情？你所看到的感情实际上更接近关心或责任？"

"我看到的更有意义。你知道吗？他们说有种眼神，就是爱的眼神……"

确实存在"爱的眼神"这回事。这实际上指的是科学家所说的"交配凝视":双方的眼睛会对视数秒,以一方转移目光为终结。当有可能发展恋情的个体第一次相遇时,这种强烈、具有探索性的凝视通常是性兴趣的信号。猿类也有很多类似表现。

"你确定?"

"是的。"

"没有别的解释了吗?"

"没有,真的没有了……"

"从他的眼睛里看得出来?"

"我知道我看见了什么。"她抬起双手,向我展示了她的手心,冲我抱歉地笑笑。她想表达什么呢?

事实上,维尔玛的眼睛并没有传达什么特殊的感情,甚至没有一丝欲望。梅根只是又一个患者而已。他是一个忙碌的牙医,为几家医院工作,还经营着一家规模不小的私人诊所。在他看来,他们见了面,他给她做了手术,现在他们该分道扬镳了。当他离开术后休息室时,他或许有理由认为,除了后续的几次复查,他会与她就此别过。不过,如果他真这么想的话,在不久以后,他的推测会被证明是错的。大错特错了。

"我没法不去想他,而且我能感觉到他也在想我。"

"'感觉'指的是什么?"

梅根忽略了我的问题:"这太不公平了。我们都想和对方在一起,但他不知道该怎么搞定手边的事。"

"他如果真的想和你在一起,不是会离开他妻子吗?"

"他不会的。他是个善良的人，真的很善良。他不想伤害她的感情。"

"这话他跟你说过吗？"

"他不需要说。"她一脸疲倦地看着我。显然，她不想再为自己辩解了。即使苏格拉底式提问也会令人生厌。

手术后，梅根迷恋上了维尔玛，对他朝思暮想。她的睡眠受到了影响，而且重新开始工作后也无法集中精神。她渴望靠近他。

"你感受到的这种吸引和性有关吗？"

"不，"她否定了，然后叹了口气，"好吧，有关。性是其中一部分，但只是一小部分。性这个说法真的很误导人。我是说，如果我们有可能在一起的话，肉体上没有什么也没关系。真的没关系。我们还是需要彼此的。"

她丈夫注意到她的情绪在恶化，但找不到明显的原因。他试着和她说话，但她态度冷淡，不愿敞开心扉。

几周过去了。

梅根联系维尔玛的愿望一天比一天强烈。见不到他让她无法忍受，成了一种折磨。她鼓起勇气给他打电话。"那次谈话很尴尬。我给他机会，让他告诉我他对我的感情，但他的反应是害怕。这件事让他难以承受。"

"你们都说了些什么？"

"一开始我们谈了谈我的康复情况如何。最后我不得不跟他挑明。我提议我们见面喝杯咖啡，讨论我们将来的打算。博舍咖啡馆离哈雷街不远。我说我会叫辆出租车去。"

"他怎么回答的?"

"他假装听不懂我在说什么。我坚持要见他,但他却躲躲闪闪的。他找了个借口就挂了电话。"

"你觉得他被自己的感情吓坏了,不得不挂断电话。"

"就是这样……"

"这是你能想到的唯一解释吗?"

她耸了耸肩。

梅根并没有气馁。她反复给维尔玛打电话,有时一天打好几次。诊所助理们的语气变得冷冰冰,她们让她不要再打了。经过一番打探,她弄到了他家里的电话号码。当牙医的妻子安吉接起电话时,梅根尽最大努力委婉地解释她的情况——因为达曼会希望她不要伤害安吉——但安吉的回答充满怒火。

"她让我去看看脑子。"

"你怎么看?"

"我早就知道她会有这种反应。"

"所以你早就知道别人会怎么看待你的行为?"

"你是说,别人会觉得我疯了?"

"我没这么说。"我说谎了。我就是这个意思。

"是的,"她点点头,"我早就知道……"

"这难道就没有让你停下来想一想,重新审视一下自己的行为吗?"

"别人怎么想对我不重要。"

"现在呢？现在别人怎么想重要吗？"

我们隔着小桌子互相注视着。

梅根每天都给维尔玛写着冗长而详尽的信，提出解决办法，恳求他面对他们之间的爱无法断绝或否认的事实。如果他不接受这个事实，就永远都不会快乐。假装不爱她的做法有什么意义呢？他不该受到责备，他们都不该受到责备，凭什么责备他们呢？一件奇妙的、美好而不可思议的事情已经发生，而且他们再也回不去了。他们必须勇敢，一起迎接属于他们的未来。他们的生活将从此不同。如果他们分开生活，就会活在假象中，悲惨可怜，人生充满缺憾。岌岌可危的不仅是他们的未来。他们也得为各自配偶的未来考虑。欺骗菲利普和安吉，让谎言持续下去是不对的。他们都是好人，不该被有名无实的婚姻蒙蔽。

"我在他的诊所外面等着。我等了几个小时。他一出来，我就向他跑过去。"她停住了，咬着自己的下嘴唇。

"发生了什么？"

"他不想说话。我告诉他我能理解，这一切发生得太快了，也许他需要更多时间来接受。但最后我对他说，你总有一天得接受，我们的爱是真的。"

维尔玛联系了梅根的全科医生。医生在当天晚些时候联系了梅根的丈夫。

"菲利普发现你做的事后说了些什么？"

梅根看着天花板，用手指捂住嘴巴。她的声音含含糊糊，但依稀可辨："他不太高兴。"

梅根怎么了？在遇到达曼·维尔玛之前，她的生活一直很平淡——有一份稳定的工作，有假期和爱好，还有丈夫的陪伴。突然间一切都变了。

梅根患上了一种罕见但有大量记载的精神疾病——"克莱朗博综合征"（de Clérambault syndrome）。1921年，法国精神病学家盖滕·德·克莱朗博（Gaëtan de Clérambault）首次详细描述了这种疾病。患者通常为女性，她会爱上一个男人（她之前和对方少有或根本没有交集），并相信他也在热烈地爱着自己。在很多情况下，患者都声称是男方先坠入爱河的。这种认知是在没有任何实际的刺激或鼓励的情况下产生的。男方——在这种情况下有时被称为"受害者"或"对象"——通常年龄比女方大，有较高的社会地位，或者是知名人士。这种对象的难以接近性反而可能成为一种动力。受害者先是受到患者一厢情愿、不被欢迎的追求，接着会经历极端的骚扰。男性也会患上克莱朗博综合征，不过女性患者更多见。确切的男女比例尚不清楚，但估计约为1∶3。

几个世纪以来，克莱朗博综合征（或其他非常相似的症状）在各类文献中都有记述。在古典作品中可以发现不少类似的病例。因此，在1921年撰写这篇文章的时候，克莱朗博并没有开辟新的领域，而仅仅是重新审视了这种以前被称为"钟情妄想"（erotomania）的疾病。然而，他的名字无疑还是和与爱情相关的心理疾病中最极端的这一种紧密地联系在了一起，尤其在20世纪后半叶。这也许是因为他的描述更为全面，既记录了病情中与性相关的因素，也强调了情感因素。而在18世纪，"钟情妄想"患者被定义为"狂热寻求放浪或非法欲望的人"时，情感因素是未被纳入考虑的。

如今，"克莱朗博综合征"和"钟情妄想"已经成为同义词。这种病症一度被冠以"老处女的精神错乱"这一较为温和的名称。在现代诊断体系中，它已经变成了"妄想性障碍：钟情妄想型"（delusional disorder：erotomanic type）。即便如此，克莱朗博的名字依然不断出现在精神病学的旁注中，许多人也在继续使用"克莱朗博综合征"一词而非更加准确的现代名称，也许是因为这个词听起来更引人遐思，并带有戏剧性的色彩。它会让人想起人类思想就像一片几乎未经探索的黑暗大陆一样令人激动的那个时代。

克莱朗博综合征最著名的病例是一名53岁的法国女裁缝。她认为英国国王乔治五世爱上了她。为了追求他，她屡次前往英国，还在白金汉宫外等候。看到窗帘移动时，她断定那是国王在向她发出信号。国王并没有表现得很热情的事实并没有改变裁缝的信念。她断定国王只是无法接受事实。"国王可能会恨我，但他永远不会忘记我。我对他再也不会是可有可无的了，他对我也一样。"

这位女裁缝还患有一种继发性疾病——偏执型精神分裂症。例如，她认为国王有时会干涉她的事情。克莱朗博综合征常伴随精神分裂症或双相情感障碍等疾病。耐人寻味的是，梅根是个平凡无奇的人。从她既往的生活、性格和经历来看，你想象

第一章　陷入妄想的律师助理　15

不到有一天她身上会出现这样极端的病症。她的经历证明,就心理健康而言,我们每个人都走在钢丝之上。也许一点儿风吹草动就能让我们失去平衡,从高处坠落。

除了在第一次世界大战后被授予军功章,克莱朗博的艺术成就也受到了认可。他的一些画作被摆放在法国的博物馆里。他最具原创性的作品是一系列以戴面纱的妇女为主题的照片。在被派遣到北非的一所战地医院后,他注意到了摩洛哥的传统服装,并对布料这一艺术主题产生了浓厚的兴趣。传统的弗洛伊德主义者会发现这个有趣的故事的象征含义:隐藏、诱惑、展开以及对揭露的预示。这些奇怪、不可思议的图像让人隐约想起维多利亚时代的"灵异照片",而直到不久前它们才获得文化历史学家们的关注。

1934年,在两次白内障手术失败后,克莱朗博坐在镜前,用他使用了多年的左轮手枪自杀了。他的照相机对准了镜中的自己。

他写下一封遗书,努力解释了自己的行为。当时有传闻说,一幅他本打算在死后捐赠给卢浮宫的画是在一次拍卖中以欺诈手段获取的。他蒙受了耻辱,随后患上了忧郁症。实际上,罹患失明也许是最重要的原因。多年来,他同时通过艺术家和精神病学家的眼睛从两个角度研究着人类。他观察着社会结构的每一个领域、每一个层面和每一处褶皱,以此判断潜伏其下的本质。在他失去如此敏锐的感知能力后,生活便不值得继续。他开枪的时候一定在仔细观察自己。我想知道他看到了什么。

"菲利普有什么反应?"

"他很难过。但他没说什么难听的话,也没有指责我背叛他。我们聊过,我试着解释,但他不理解。至少不是真的理解。他告诉我他爱我,说他会永远在我身边。这真叫人伤心。"

"因为你不再爱他了。"

梅根惊愕地看着我:"不,不。我一直很爱菲尔。只是我对达曼的感觉……"她的声音越来越小。她环顾了一下房间,好像丢了什么东西似的。然后,她的表情变得僵硬起来,眼神直勾勾的,让人发慌。"它是另一种东西——更高尚的东西。"

"更偏精神层面上的吗?"

"我不知道,也许吧。我不确定这是不是和上帝有关。但我知道这和对菲尔的爱是不一样的。它更强烈、更深沉——有一种必然性的感觉。"

"命中注定的吗?"

"是的,就是这个词。命中注定……"

梅根的丈夫带她去看了精神病医生,医生决定让她服用匹莫齐特,一种能减轻妄想症状的治疗精神疾病的药物。它的作用原理是阻断大脑中的多巴胺受体。从记忆到呕吐的多种行为都与神经递质多巴胺的作用有关。也有大量证据表明,多巴胺能调节愉悦感和寻求愉悦的行为。因此,多巴胺被认为是导致成瘾的重要因素,这一点并不令人意外。我们所谓的浪漫爱情,从生物学角度可以被视为大脑中存在的多巴胺能神经元通路。

尽管相信自己对维尔玛的爱不是精神病医生口中某种疾病

的症状，梅根还是遵照医嘱服了药。药是无效的，她依然能感受到对维尔玛的感情。后来，药量加大了，但依然无效。事实上，梅根的渴望似乎愈发强烈了。她越来越频繁地等在牙科诊所外。有时他会看到她，就派他的秘书出去告诉她，回家吧。梅根没有争辩。争辩有什么意义呢？她微笑着点点头，朝地铁站走去。没关系，从大局上看，暂时的妥协没有危害，因为她的耐心最终会得到回报。有好几次，她躲在门洞里或者站在一辆停靠在路边的货车后面，逃过了维尔玛的注意。这样一来，她可能会守上一整天。在冬季的几个月里，即使气温骤降，她也能因为距离维尔玛如此之近而感到温暖。

一天傍晚，5点左右，她看到他离开诊所，就一路跟着他回家。她站在对着他家前门的一根灯柱下，想象着屋里的他。维尔玛的妻子安吉偶然从楼上的窗户往下看时正好发现了她，于是维尔玛怒气冲冲地走了出来，径直来到她面前。他很生气，威胁说要叫警察。梅根发现他的表现不真实。"他在他妻子面前假装生气。其实，在他内心深处，他希望我留在那儿。"梅根没有做出任何抵抗。每次有人命令她回家时，她都会照办，但她这次的行为让每个人——尤其是安吉——都紧张起来。维尔玛一家有两个孩子，一个8岁的男孩和一个10岁的女孩，安吉很担心他们的安全。值得称赞的是，达曼·维尔玛从未报警。他知道梅根病了，是在把她当作患者对待，但他的妻子可不会像他那么为她着想。

"我知道我给他带来了麻烦，"梅根说，"我真的很抱歉。我并不是要破坏他的婚姻，因为从某种意义上说，他们的婚姻已经结束了。我只是希望他能往前走。"

在英国作家伊恩·麦克尤恩（Ian McEwan）的小说《爱无可忍》（*Enduring Love*）中，男主角被一名克莱朗博综合征患者跟踪，他的人际关系开始破裂。这正是安吉和达曼·维尔玛遇到的情况。这种压力对他们来说是难以应付的，于是他们开始就应该采取什么措施来阻止梅根产生分歧。维尔玛适时选择了一个激进的解决方案。他申请了一份在迪拜的工作。这并不完全是因为梅根，毕竟维尔玛夫妇以前就讨论过这件事；而梅根的骚扰确实让他们不再纠结，做出了换工作的决定。达曼·维尔玛已经意识到梅根那种激烈、病态的爱永远不会自行消失。讽刺的是，我们所谓的"真爱"其实远不如它的病态形式持久。维尔玛只有和梅根相隔千里，才有可能恢复正常的生活。

当梅根被介绍给我时，达曼·维尔玛和他的家人已经前往迪拜6个月了。梅根已经可以不去看精神病医生了，她的全科医生认为她的病情已经大大改善。尽管如此，他认为有机会和心理治疗师聊聊自己的经历对她会很有帮助。她精神上受到了创伤，而像多数受伤的人一样，如果她能理解这段经历的意义，就能进行更好的调整和适应。然而，和梅根谈得越多，我就越怀疑她根本没有什么改善。她只是变得更善于隐藏自己的痛苦了。

"你还在想念达曼，是吗？"

"是的。我十分想念他。"梅根一边仔细看着自己的手，一边回答道。她低着头,和我没有眼神交流。"我经常想他在做什么。你知道,他在迪拜……我想到他醒来、起床、刷牙,然后去上班的情景。"有趣的是,在她的想象中,他周围没有一个家人。"我想象他坐在车里,开着车,听着收音机,外面阳光灿烂。我想象他来到新开的牙科诊所,准备迎接他的患者。我看着他——就像在看电影或纪录片一样——清洗双手,换上他的手术服。"她的指尖碰在了一起。"我喜欢傍晚的时候一个人待着,因为我知道这时在迪拜他刚刚上床,躺在黑暗的屋里,没有任何打扰。在那时,我感觉到和他的联系是最强的,他也会知道我在想着他,然后他就会开始想着我,我们都想着对方,就好像……"她抬起头,表情很幸福——就像一个在幻觉中看到神灵的信徒。她的眼睛闪闪发光,满脸通红。她有点儿喘不过气,接着说:"就好像我们是一体的。"

毫无疑问,两个人融为一体的幻想让她欣喜若狂,进入了类似神秘主义者描述的狂喜那样的状态。灵魂与上帝再度合一的体验令人陶醉和喜悦,以至于与性相关的描述常被用于经文和宗教诗歌中,来比拟那种与神合一的强烈情感。这种情况下,性高潮似乎是唯一可用的参照物。

弗洛伊德借用了他的一个笔友的表达——"万能感"(oceanic feeling),来描述这种溶解一般的愉悦感。然而,他一直认为这种表现无非是一种心理上回归原始的倾向。实际上,他相信一切共生的感觉都受到婴儿时期记忆的影响。那时,自我与世界的界限还不够完整和清晰。从某种意义上说,恋人和神秘主义者所说的狂喜状态源于胎儿在子宫中漂浮和婴儿接受哺乳时的感受。也许我们一直在努力，试图回到我们最初的状态——不受分离恐惧威胁、极致幸福的状态。人们常说，我们孤独地出生，又孤独地死去（这句格言的出处五花八门，从公元前4世纪的印度哲学家考底利耶[①]到美国演员奥森·威尔斯[②]，不一而足）。严格来说，这句话并不正确。我们在出生时都不是孤独的——也许我们从不曾忘记这一点。

妄想是一种顽固的信念，即使没有证据支持也依旧存在，可说到什么才是有力的证据，答案因人而异。梅根把她的感觉当作可以接受的证据，这使她的信念更加坚定了。达曼·维尔玛爱上了她。她知道他爱她，因为她对于他的爱的感受如此深切——强烈的感觉总是有意义的。然而，真相可能恰恰相反。感觉往往是模糊、具有误导性且自相矛盾的。它们向我们提供的关于世界、他人或我们处境的信息并不总是可靠的。

我曾经治疗过一个害怕走路的女人。她的腿部机能和平衡感都没有问题。她只是害怕把一只脚放在另一只脚前面的这个动作。她断定走路很危险，因为她的感觉告诉她是这样的。

患者情况没有好转这个事实令人沮丧。我的假设是，如果我继续质疑梅根对达曼·维尔玛的顽固信念，她或许会改变想

---

① 考底利耶（Kautilya），代表作《政事论》。——编者注
② 奥森·威尔斯（Orson Welles，1915—1985），代表作有《公民凯恩》等。——编者注

法。我一直朝着这个方向努力，但并没有达到预期效果。我失去了耐心，开始采取更加直接的方式，不再那么苏格拉底式了。

"达曼看起来爱你吗？"

"我觉得他是爱我的。"

"现在还觉得？"

"是的。"

"他搬到了迪拜，一个千里之外的地方。"

我让这句话在随后的沉默中回响。沉默变得更加意味深长，令人无法抗拒。她能听到耳朵里传来的嗡嗡声吗？还是加快的心跳声？长时间的沉默会让人很不舒服，如同不可违背的命令。梅根看着我，有些困惑，十有八九感到了痛苦。

多年前，我参加过一个关于精神分析病例的会议，讨论的主题是治疗师有时让沉默继续的必要性。一位同事说："治疗就好比一口高压锅。如果没有压力，食物就不会熟。"但眼睁睁看着患者焦灼不安并不是一件容易的事。

梅根终于说话了："他不想让妻子不高兴。"这句话已经变成了一个信条。

我下一次再见到梅根时，她看上去比平时更疲惫。

"我真希望能和他通话，"她坦白说，"即使只有5分钟，我也心满意足了。只要我能听到他的声音……"

"你有没有试着要过他的电话号码？"

"没有。我想过要不要这么做，但是没有。"

"那去迪拜呢？你有没有想过跟着他去中东？"

"有，我想过的。"

"但你还在这里……"

"是啊，"她说，"我还在这里。"然后叹了口气。她呼出的大量气体似乎让她的身形都变小了。她的双肩向内缩去，膝盖微微抬起，脚后跟离开了地面。这种收缩、合拢的姿势让人特别容易联想到胎儿的姿势。她的双手攥成了拳头，紧紧地贴着腹部。她补充道："我知道……我知道。"她眼里泪光闪闪。

她知道了什么呢？

她让自己细想过达曼·维尔玛不爱她的可能性，细想过他们的爱情并不是命中注定的，也细想过他们永远不会在一起。她朝深渊望去，感到撕心裂肺的痛苦。"我知道……我知道。"她只会说这样一句话。那声音至今回响在我的脑海中，甚至叠加了治疗室的声学特性所产生的效果：犹犹豫豫、略带嘶哑——一种充满了悲伤与无奈的二重唱。我告诉梅根不要过度解读，但她的声音、她的姿势和她眼睛里颤抖的泪光都充分表露出她的想法，直白得令人怜悯。她在想什么，旁人一清二楚。她的悲伤也无从遮掩。

坠入爱河是令人痛苦的。大多数人都知道那是种什么感觉——需要、绝望与渴求。当我们爱而不得时，那种痛苦会令人难以忍受。时间能治愈一切，但给我们继续走下去的勇气和力量的并不是时间。使我们继续前行的是希望，而希望来自经验和观察。我们直接或间接地明白了爱并不总是会有回报：求爱会被拒绝，曾经山盟海誓的感情也会无果而终。但我们也会意识到，得到真爱的机会必然会再次出现。

　　梅根找到了她一生的挚爱，对他忠贞不渝。这份忠贞配得上诗和歌中所有老套、繁复的比喻。她如太阳、月亮和北极星那样始终如一，永远不会移情别恋。所以对她而言，没有希望，也没有未来。对大多数人而言可能不得不忍受几个月或几年的痛苦，将笼罩她的余生。想象一下吧。还记得在恋爱中那种绝望和伤心的感觉吗？现在，同样的痛苦在她的生命中将永远持续，无休无止。

　　"这太不公平了。"梅根小声说。

　　"是的，"我同意她的说法，"是不公平。"

　　眼泪顺着她的双颊滚落，坠落到她的裙子上。我把那盒纸巾推给她。她没有注意到我不合时宜的举动，悲伤令她无暇他顾。而她巨大的痛苦令我自惭形秽。

　　克莱朗博综合征的病因是什么？对这个问题最准确、最诚实的回答可能是最不令人满意的。没有人知道正确答案。克莱朗博综合征被归因于神经递质的不平衡，但用于调节这种不平衡的药物对其却几乎无效。多巴胺或许也在其中扮演了一定角色，但梅根服用的阻断大脑中多巴胺受体的药物对她的情绪、思维和行为没有产生任何影响。多数患者反映，自己的情绪变得不那么强烈了，但潜在的迷恋依然存在。

　　另一种可能是颞叶脑电活动异常，尤其是位于右侧的颞叶。克莱朗博综合征和颞叶癫痫（temporal lobe epilepsy）有一些共同特征：情绪增强、性兴趣改变和失神发作。

失神发作时，患者有时被称为患有"陀思妥耶夫斯基癫痫症"，因为这位俄国著名作家经常出现狂喜发作的症状。一些患有颞叶癫痫的人也会坚信陌生人爱上了自己——尽管这种情况极其少见。

精神分析学家表示，矛盾的性心理可能在这种疾病中起到了一定作用。患者通过选择一个无法得到的爱人而避免了亲密行为。不过，这个理论并不令人信服，尤其对梅根这样的案例来说。在遇到达曼·维尔玛之前，她享受过正常的性生活。她根本没有回避亲密行为。另一种理论认为，患有克莱朗博综合征的女性缺少父爱。当然，很多女性的情况确实如此，但并不是所有缺少父爱的女性都会患上克莱朗博综合征。

克莱朗博综合征很难治疗，且预后很差，通常还是一种慢性疾病。使用药物和强制分离双管齐下应该是最有效的治疗方法了，但梅根服用了匹莫齐特，也已经有6个月没见达曼·维尔玛了，却仍然渴望和他在一起。

有一天，我问梅根她是否觉得治疗有进展。"有，"她说，"倾诉……对我很有帮助。"

我很开心，以为心理治疗真对她产生了效果，但我的想法大错特错。

在所有条件相同的情况下，我们倾向于与一个和我们相似的人在一起——在吸引力方面尤其如此。如果你想知道自己长得有多好看，不要照镜子，仔细看看你的伴侣就明白了。从进化的角度看，美貌只是适配度的指标之一，但它可能是最重要的一个。每个人都想找一个有魅力的伴侣，很少有人愿意和魅力不及自己的人结合。长相出众的人倾向于和同样出众的人结合，而不算天生丽质的人必须在已经被挑选过的市场上竭力展现自己的魅力，并同样抗拒考虑魅力在自己之下的对象。这些要求创造了一种层级结构。在这一结构中，绝大多数经过选择而结成伴侣的人是相配的。在演化理论中，这种情况被称为"选型交配"（assortative mating）。例外情况相对少见，而一旦出现，往往是因为财富（另一个适配度指标）。这一因素有利于富有的年长男性和有魅力的年轻女性建立关系。

我想知道梅根的丈夫菲利普是个什么样的人，于是我要求见见他。

菲利普和梅根同龄，身材也差不多。他也有深棕色的头发，比她高不过三五厘米。他的衣着风格也和妻子的一样，是得体的休闲装——淡蓝色衬衫和深蓝色套头衫，灰色的法兰绒裤子上有一道整齐的中缝，牛津粗革皮鞋擦得锃亮——但也没有随意到会被拦在办公室外的程度。他很和善，令人愉快。他那恭敬而忸怩的微笑十分眼熟，和梅根的一模一样。不难想象，在达曼·维尔玛灾难般地进入他们的生活之前，这对伴侣可算是彼此的理想型了。

"过去的几年对你来说一定很艰难。"我说。

"是的，"他回答，"十分艰难。"这是一个习惯把大事化小的人。

我们聊了聊他和梅根的关系,以及情况是如何发生变化的。

"我以为达曼去了迪拜,情况就会有所好转。"他直呼牙医的名字,和他的妻子一样,"我的意思是,我就不用担心她在哪里、在做什么了。她现在重新开始上班了,下班后会直接回家。她的上司们人都很好,尤其是总助理。他女儿就有抑郁症,所以他相当理解我们。"

"他们知道发生了什么事吗?"

"嗯……知道一部分吧。"他急急忙忙地说下去,不愿再提这些他为了面子而编造的谎言。不得不撒谎是一件很悲哀的事,当然,也是对社会的一种控诉。即便是在一个确保他能得到同情的场合,他也无法说出真相。真相还是太过羞耻,让他有失尊严。

"表面上看,一切又恢复正常了。我们聊天,看电影,散步。去年8月,我们去康沃尔郡待了几周,假期非常愉快。"

"你们还……亲近吗?"

"是啊,我认为是这样。"

我想知道有多亲近:"你们还……亲密吗?"

"亲密?什么,做爱吗?"我点了点头。"有啊,"他继续说,"我们会做爱。这太奇怪了。"他突然显得很困惑,露出孩子气的表情,"什么也没变,可什么都不一样了。"

"你的意思是?"

"我妻子在我身边,但又不在这里。这个人是她,但又不

第一章　陷入妄想的律师助理　　27

是她。"

他的话让我想起了一种叫"卡普格拉妄想症"(Capgras Delusion)的临床现象。患者认为与自己有密切关系的人被一个外表一模一样的人顶替了。

"我知道她无时无刻不在想着他,"菲利普接着说,"我是说,甚至我们在床上的时候,她可能还想着他呢。"

"你认为她会幻想跟他做爱,就算是在你们——"

菲利普插嘴进来,阻止我直截了当地说出明确的结论。"不,不。"他深吸了一口气,让自己镇定下来,接着说,"当然,我不能肯定。我知道这点。也许我们做爱的时候她确实在想他,但我不会这么认定。"菲利普相信梅根对维尔玛的感情变得更加抽象和脱离肉欲了。他对此有充分的理由。

"梅根有没有跟你说起过她的……"他的最后一个音节含糊地拉长了。他挠着头,好像遇到了一个棘手的数学问题。"我真不知道那玩意儿叫什么。可能就像一个神龛。"

"什么?"我吃惊地坐了起来,"没有,她没告诉我。"

"是一个盒子——一个普通的储物箱。她把它放在卧室里,上面盖着一块白布。盒子里是她收集的和达曼有关的东西。"

"比如?"

"他上过报纸。他参加了一个慈善机构的大型筹款活动,有人拍了他的照片。他穿着燕尾服,站在一位国会议员和一位总上电视的名人旁边。那场面可够盛大的。梅根从报纸上剪下这篇文章,保存了下来。她也有他的旧名片、从他诊所拿的小册子以及她的挂号单。还有一些别的东西，一支笔、一枚回形针……我只能推断出那些是他碰过的东西。一定是她偷的。"

"她拿这些东西做什么？"

"她时不时把它们拿出来。"

"在你面前？"

"不。她过去会当着我的面拿出来，但现在不会了。她过去常常闭着眼睛坐在箱子旁边。她好像在——我也不知道怎么说——祈祷吧。"

"你对……这个神龛有什么感觉？"

我的问题似乎让菲利普狼狈不堪。"它就是个我不想忍也得忍的东西，不是吗？"那孩子气的困惑又回来了。

"不，那倒不一定。你可以说点儿什么。"

"我能说吗？"

"能啊。你可以提出异议。"

他摇了摇头："我不能强迫她把那些东西扔掉，那太糟了。我为什么要这么做？我有什么动机这么做？"

我被他的同理心感动了。平凡的、非病态的爱也可以是不平凡的。

再次见到梅根时，我问了她神龛的事。

"这是最能让我靠近达曼的东西了——我是说，在现实中。"她的补充显然是个值得玩味的限定条件。她仍然相信她和维尔玛可以通过非物质的方式取得联系。

"你多久看一次那些东西？"我问。

"不常看,但是知道它们就在那儿会让我好受些。"
"你知道菲利普对你保存这些……纪念物的感受吗?"
"他不介意。"
"你确定吗?"
"是的。他不介意。这就是件无伤大雅的事。"
"也许放弃这些东西,你就能往前走了。"

她脸色阴沉,好像蒙上了恐惧的阴影:"这些东西没有造成任何伤害。菲利普不介意,他真的不介意。"她惊慌的语气太明显了,几乎隐藏不住。

虚构作品中对心理治疗的描述很容易对观者产生误导。在这些作品中,通常会有一位主角——一位临床心理医生——被召唤前去治疗一名症状难解的患者。这个任务无疑是艰巨的,既需要敏锐的洞察力,又离不开熟练的技巧。在克服重重困难后,医生终于和患者建立了关系。对无意识记忆的挖掘让医生发现了一些不为人知的黑暗真相。谜团最终解开了。这个复杂拼图的所有碎片被整齐地拼在了一起,让患者恢复了健康。作为主角的医生退场,音乐响起,片尾字幕浮现。

现实中的心理治疗并非如此,实际上是非常混乱的,很少符合理想中的叙事顺序。在现实中,有死胡同和错误的转弯,有停滞和挫折——医生会怀疑自己是否用对了解决问题的方式。即使医生想用"暴露疗法"(exposure)这样直接的方法——说服患者直接面对自己的恐惧——来治疗某种特定焦虑,有时也会出现证明此路不通、需要更换方法的意外情况。我曾使用暴露疗法为一个害怕门把弄脏自己手的女人提供过治疗。在焦虑地伸手握住我办公室的门把时，她回想起了记忆中的另一个门把。小时候，她卧室的门把发出的不祥的咔嗒声预告了她父亲会走进来对她进行性侵。不用说，我们自然放弃了暴露疗法，转而就这些记忆展开谈话。理论上深奥难懂的疗法，如精神分析疗法——所有那些记忆、梦和解读——都容易让人失去方向。潜意识并不总能帮上忙。深入挖掘一个人的心理后却没有发现任何有治疗价值的东西，也是很常见的情况。

梅根的拼图并没有被整齐地拼成一幅图画。我没有发现什么黑暗的秘密，也看不出任何令人欣喜、可以为病情提供解释的联系。坚定的生物精神病学家可能会认为，这是由于克莱朗博综合征是一种精神疾病，其最佳解释便是大脑中化学物质的失衡，而我正在寻找可能根本不存在的东西，或是一些纯粹的巧合。梅根服用的药物无效的事实也无法完全否定这个论点。也许我们只是需要更好的药罢了。

虽然我无法从心理学的角度为梅根的情况提供解释，但我可以提出我的观察结果，也就是在特定背景下的一种理解。它会影响我们看待梅根这类患者的方式。

对梅根的情况思考得越多，我就越感到震惊：梅根所谓的病情与正常人在浪漫爱情中的行为和情感表现是多么相似。她的不寻常并非体现在质上，而是体现在量上。她经历的是我们很多人都经历过的爱得神魂颠倒的体验，只不过她的感受是正常人的无数倍而已。从某种程度上说，连她的幻想也是正常的，毕竟浪漫的爱情往往都很不理性——一见钟情、命中注定的邂逅，万能感和超越时间与空间的强大吸引力都不过是爱情的表现而已。大多数坠入爱河的人都会有本质与跟踪无异的行为表现，比如在可能再次遇到心仪对象的场所流连。梅根的神龛也不过是情侣保留照片和定情物的行为的一种夸张形式，毕竟很多情侣都会将能让他们回想起第一次见面、第一次共进晚餐或第一次接吻的纪念物视若珍宝。唯一让梅根显得与普通恋爱中人不同的是，她坚定地相信达曼·维尔玛也被她迷住了，而大量证明事实完全相反的证据反而让她更加固执己见，更加确信不疑。除了对两情相悦的错觉，梅根这种精神病态的爱只不过是被放大的浪漫之爱：从本质上说，对她的情况的准确描述并不是"不正常"，而是"超常"。

这就好像为浪漫爱情服务的神经通路——这种经自然选择形成的、人类共有的神经通路——突然变得异常活跃。这说明，梅根的经历，我们任何人都可能遇到。如果你坠入爱河，毫无疑问，你的状态会一步步靠近梅根的。许多人并没有被诊断为精神病，可已经在这条路上走得很远了。

心理学家将应对问题的方式分为以问题为中心的和以情绪为中心的。当问题可以被解决时，我们便会采用以问题为中心的应对方式。假如你要参加一次很难的考试，你可以通过更勤奋的复习来解决问题。然而，有些问题是无法解决的，比如丧亲之痛，那么唯一的选择就是改变自己对这个问题的反应。当然，这是一项相当困难的任务，但至少在理论上是可能实现的。

我帮助梅根康复了吗？梅根的问题是无法被解决的——克莱朗博综合征是无法被治愈的——但她确实改变了自己对这个问题的反应。她开始接受她将不得不和维尔玛分开生活的事实，而且据我所知，她从未打算去迪拜找他。不过，她仍然爱着他，而且会永远爱他。

虽然和梅根的谈话是很久以前的事了，但我仍然会想起她。我想象她在位于郊区的家中悄悄爬上楼梯，走进卧室，然后关好门。我想象她坐在她的神龛前，取出里面的一件"圣物"。我想象她闭上眼睛，把心意向千里之外一个如今很可能已经忘记她存在的男人传去。

第二章

鬼魂出没的卧室

不会衰竭的欲望

秋日的一天，天空灰蒙蒙的，阴云密布。我透过淌下雨水的窗户向外望去，看到的是一幅凄凉的景象：在临时搭建的小屋周围，一条砖石铺就的狭窄小路向一片由毫无生气的20世纪60年代建筑构成的峭壁延伸。这条路位于研究机构和精神病院之间，平时几乎没什么人会走。经过这里的人大多是精神病医生和护士，不过偶尔也有迷路的患者。有个黑人女性总是涂着一脸白色的化妆品，因为她坚信自己是天使。她一定认为只有白皮肤的人才有资格成为天使的一员。她的相貌其实很丑陋，但每次我在路上碰到她，她都会给我一个友好的微笑。医护人员和患者有时不那么容易区分。我经常从窗口看到的另一个人是个60多岁的老人，带着些学究气，穿着皱巴巴的聚酯面料西服和不搭的运动鞋。他总是在冲刺或慢跑，甚至在上下楼的电梯里也是如此。几年来，我从未见过他不在运动的样子。后来我才了解，这个好动的怪人不仅是一位著名的生理学家，还是一位音乐家和作曲家。他曾是比率俱乐部[1]（Ratio Club）的成员（其他成员还包括艾伦·图灵[2]），还发明了一种叫"逻辑大管"的电子管乐器。他在医生之中是个声名狼藉的人物。曾经有一次，他给自己的阴茎注射了一种治疗阳痿的药物，并怂恿人们称赞他充满力量的勃起。当时，没有人认为他的行为不得体。显然，时代不同了。

我的咨询室在一座建于100年前的排屋里，就在医院旁边，被用作门诊部。来这里工作之前，我听说这栋房子曾经接受过地方议会的反复检查，然后被下令废弃了。这栋房子之所以一直没有被拆除，是因为这里实在缺乏办公空间。这些话让我大笑起来，觉得这个故事是杜撰的。但有一天早上，我打开咨询室的门，发现有一半天花板掉了下来，露出了一个大洞，可以看到里面的木制板条和水管。到处都是灰泥碎片和尘土。

这栋房子破败不堪。木制品的油漆斑斑驳驳，大片黑色霉菌爬上了墙壁。家具是你可以在旧货店里找到的那种。我还清楚地记得一个身无分文的患者（他住在本地的一个收容所）问我是否愿意接受慈善捐赠。

一阵狂风把窗户刮得嗡嗡作响。一个护士把大衣翻领拉到头上来做斗篷，沿着小路匆匆走过。门铃响了。我走到门前，

---

[1] 英国一个非正式的小型晚餐俱乐部，其成员包括一群年轻的心理学家、生理学家、数学家和工程师。其成员在聚会时主要讨论控制论等话题。——译者注
[2] 艾伦·图灵（Alan Turing），计算机科学之父。——译者注

准备接待梅维斯。我以前没见过她，但从介绍信上了解了她的经历：工薪阶层，在一个贫困的街区居住了一辈子。她当时70岁出头，看起来郁郁寡欢。她抑郁的原因是，她的丈夫在一年前因心脏病发作去世了。

当一个人在丧亲后出现严重的心理问题（持续超过12个月）时，我们就可以认为其受到了一种名为"持续性复杂性丧亲障碍"（Persistent Complex Bereavement Disorder）的复杂悲痛反应的影响。不过在我看来，把长时间悲伤看作非正常现象的想法值得商榷。人的性格和适应能力各不相同，对失落的感知也有轻重之分。有些人是永远无法从伤痛中恢复的。如此可怕的精神创伤可能导致长期痛苦，这个事实一点儿也不值得惊讶。我倾向于根据不同个体的情况来考虑长期悲伤的程度是否严重。在这种情况下，医生能做出的诊断其实有很大讨论空间。

我打开门，一个体态丰腴、撑着一把伞的小个子女人出现在面前。她头发的颜色与此刻的天空一样，表情空洞。当人们深陷抑郁的时候，他们的表情看起来不是悲伤，而是疲惫，就好像他们已经超越了悲伤，到达了另一个无法触及的层面，以此为起点继续着他们在世界上的存在。梅维斯看起来情绪麻木，但麻木意味着缺乏感觉，而这可能会引起误解。抑郁症导致的麻木不过是痛苦的另一种表现——就像温度下降时水变成冰一样。当但丁把地狱的第九层，也就是最底层描绘成一片冰冻的荒野时，他无疑深知这个道理。

"请进。"我说。

"这个要怎么办?"她指了指伞。

"你愿意的话,可以把它放在走廊里晾干。"我打开了暖气。

她从雨幕中走出,把伞放到地板上,跟着我走进了咨询室。她没有注意到这里的寒酸——地毯上被香烟烧出的圆点,透出一种颓败气息的整体环境。她面朝我坐在一把破旧的、弹簧乱响的扶手椅上,并拢双膝。她穿着有褶的衬衫、宽松的开襟羊毛衫、深色的裙子和灰色的羊毛连裤袜。我做了一些介绍,概述了介绍信的内容,看她是否知道别人建议她来见我的原因。

"我的状况不太好。他是这么说的——帕特尔医生。"她这话听起来有些抱怨的意思,"你知道,自从乔治死后,他——帕特尔医生就认为我应该找个人聊聊。他说这可能会帮到我。"

心理治疗是一项具有挑战性的职业。许多患者最终没能好转,但治疗成功的可能性总是存在的,无论有多渺茫。一个有广场恐惧症的女人可能会受到鼓励而走出家门,一个有强迫症的男人可能会学会抵抗这种冲动,但死亡是不可逆转的。作为一个从事丧亲咨询的心理治疗师,你只能在边缘修修补补。和心理治疗师交谈并不能让死人复活。

跟梅维斯沟通很困难。她回答问题时喜欢使用单音节词。即便如此,我还是在努力地推进对话。我不断地鼓励她,有时用语言,有时用表情或手势,直到我们的交流产生了某种节奏,有足够的势头推动我们向前。

她早早就离开学校结了婚,没有考取任何资格证书。她的丈夫乔治曾经是一名邮递员。他们结婚两年后,儿子特里出生了。梅维斯做了一辈子的家庭主妇，从来没有想过要去找一份工作。特里毕业后在一家工厂工作，最终成了一名工头。他现在40多岁了，一直住在家里。我问梅维斯，她儿子目前是否有女朋友。

"不——他不太讨女人喜欢。"

"是吗？"

"他喜欢他的钱。"

"不好意思，你说什么？"

"他不想给任何人花钱。"

"他会给你花吗？"上了年纪的母亲们往往会成为出色而廉价的管家。

她诚恳地说："他只养活他自己。"

我不相信："他交过女朋友吗？"

"年轻的时候交过，但现在已经很久没交过了。"

特里听起来不像是个慷慨的人。他对汽车比对人更感兴趣。"他总是在外面鼓捣他的宝马迷你。这是他的爱好，改装车。"

我想更多地了解乔治。

"他的话一直很少。他回家吃完晚饭，我们就一起看电视。"

"你们在一起的时候会做什么？"

"做什么？"

"是的……你们在一起的时候。"

"呃，我们很少出去，如果你是问这个的话。"她似乎对我的问题感到惊讶，就好像从没听说伴侣会一起做些什么——这个说法对她而言不仅陌生,还很可疑,"有的星期六我们会去买点儿东西。我们会去市场,但不是经常去,没有必要。我自己买东西的话会在工作日去。"

我询问他们的社交生活。

"乔治的朋友不多。他偶尔会出去喝一杯,但仅此而已。"

"你呢?"

"我?"她摇了摇头,"我有我的丈夫……"

梅维斯很孤独。她每天都在想念乔治,事实上,是每时每刻都在想念。他的离去在她的生命中打开了一道深深的缺口,带来一种冰冷的空虚。她想乔治,非常想。然而,当梅维斯谈到乔治时,我很难搞清楚她想念的到底是什么。我对他们在一起时的生活完全没有概念,因为并没有听到什么深情的回忆或趣闻。梅维斯谈论他们儿子的方式有些奇怪。孩子是生命的延续。我们的神情举止会在我们的孩子身上保留下来。如果父亲去世了,母亲也许还能从儿子脸上看见他父亲的笑容,并因此获得慰藉。但梅维斯谈起特里的样子就好像他只是个房客一样。

从表面上看,梅维斯还能应付生活,一如既往地做着同样的事:操持家务,准备三餐,给特里洗衣服,然后熨烫好。但她做这些时就像机器人一样。我问她有没有什么可以从中获得乐趣的事情。"食物。"她回答,"我现在还会时不时地奖励自己一下。手指饼干蘸点儿炼乳,还有混合水果罐头之类的。"

对年纪较大的患者,尤其是那些不幸未能接受高等教育的人进行心理治疗，是一件困难重重的事。他们常常遇到很难表达自己感受的问题，因为他们在过去是被要求压制情绪表达的。他们可能也会缺乏灵活性，或是无法掌握抽象的概念。出于这些原因，我很难为梅维斯提供帮助。但除此之外，我还感觉到了其他某些东西，一些我尚未发现的重要之物。

谈到孤独时，我问梅维斯最想念乔治什么。我选择问一个直接的问题，以引出一个直接的回答。

她透过模糊的镜片看着我，毫不犹豫地回答道："性。"

我得承认，我没想到会是这个答案。

我们总认为性是一种由激素驱使的冲动，然而，性的动机更为复杂和精妙，激素只提供了部分原因。虽然睾酮水平和性欲之间存在联系，但有的人即便睾酮水平高，也可能缺少甚至毫无性欲。同理，切除睾丸——男性体内产生大部分睾酮的器官——并不一定会导致性兴趣的丧失。

当我们大脑中的某些通路对和性欲相关的想法、图像或外部刺激产生反应时，我们就会产生进行性行为的冲动。生殖器传来的激素和信号会使这些通路变得敏感。

当代心理学家用诱因动机理论（incentive motivation theory）来解释性欲。我们不是被某种动力推向性对象的；相反，我们是被性对象吸引过去的。我们会受到诱因的吸引。性诱因的价值是由我们过去的性经历决定的。愉快的经历会让诱因的价值提升，而不愉快的经历会使其降低。

虽然许多人进入老年后仍然很享受性生活，但欲望总体上会随着年龄的增长而减少，尤其是在经过50多年的婚姻生活之后。我们的身体会改变，我们的需求和胃口也会因此而改变。心理学家罗伯特·斯滕伯格（Robert Sternberg）提出，符合西方文化中理想模式的爱情由三个元素组成：亲密（或亲近）、激情（主要与性有关）和承诺。斯滕伯格将这三个元素都充足的爱情称为"完美之爱"（consummate love）。这三个元素并不总会同时存在或等量表现，而是会以不同的方式结合，产生不太持久或不够令人满意的爱。例如，只有激情而没有亲密和承诺时，就会产生极不稳定的"迷恋之爱"；而只有亲密和承诺而没有激情时，就会产生"伙伴之爱"，以深情和长期友谊为特征。

假设承诺保持不变，随着多年婚姻生活的过去，通常会出现从激情到亲密的重要转变。性不再是一种迫切的需要，伴侣关系变得更加融洽，而这对伴侣感情更加有益。

激情的第一次大降温出现在结婚3～4年之后，因此许多婚姻关系都会在这个时候破裂。事实上，离婚数据正是在这时达到顶峰的。这种现象可能是进化导致的——在我们祖先生活的环境中，3～4年是完成繁衍并确保后代生存的最佳时长。

成家立业后，男性的睾酮水平会下降，并且会持续下降，除非有朝一日建立起新的关系。虽然睾酮通常被认为是男性专属的性激素，但它也与女性的性活动有关。女性的睾酮水平在婚姻和生育方面的作用与男性的大致相同。女性晚年还会出现性欲丧失的现象，因为绝经后睾酮水平下降了。

性爱之所以宝贵，是因为对我们大多数人来说，它有时间限制。一对伴侣即使到80多岁仍然有性生活，此时的性生活也不会再像他们18岁时的那样重要了。缺乏耐力、感觉迟钝、健康每况愈下以及睾酮水平降低的事实不可避免地会让性爱的刺激变得不那么强烈。可以肯定的是，当躺在床上行将就木的时候，几乎没有人会为自己年轻时做爱太过频繁而悔恨。性是梅维斯和乔治关系的核心。实际上，这可能是他们关系的全部。

"我们过去会一直做。"梅维斯坦白道。看得出，她对自己难以置信的力量和持久的性欲感到迷茫。她说这话时声音一点儿也不柔和，也没有露出一丝微笑。我想知道，她对性的这种复杂的看法是不是罪恶感造成的。她那一代的许多女性受到的教育让她们认为，为了快乐而做爱是不道德的。我想探索这种可能性，但很快得到了一个明确的否定答案。"不，我从来不会对这个感到罪恶。我为什么要有罪恶感呢？我们是夫妻。"

仅以性为基础的婚姻不会长久。几年后，它就会开始破裂。斯滕伯格的爱情理论被称为"三角理论"，因为"完美之爱"需要同时具备三个元素——亲密、激情和承诺——才能达到平衡。如同一个三脚架，"完美之爱"以三点为支撑。如果剔除其中一个元素，"完美之爱"就会翻倒。

当然，如果三脚架的三条腿中有一条比另两条短，它仍然可以歪斜着立住。这正是激情退却后的情况。婚姻的内核变得不再稳定，但激情、亲密和承诺不同的负重足以防止三脚架翻倒。

为什么梅维斯和乔治的关系能够持续？他们不怎么交流，也没有共同的兴趣。当然，他们之间存在承诺。但斯滕伯格把缺乏亲密、仅有承诺和激情的关系称为"愚昧之爱"。这样的关系是没有实质的，很大程度上是非理性的。为什么有人会与一个自己并不真正了解的人山盟海誓呢？要使承诺有意义，必须先建立亲密关系。而且，愚昧之爱总会破裂，因为当激情消退后，留下的只有空洞的承诺。这种情况发生时，伴侣只是出于责任感才继续在一起，而这种情况并不会持续太久。

然而，这些都不适用于梅维斯和乔治的案例。婚后几十年，他们的激情并没有减弱，性生活令人满意的程度也能让他们忠于彼此50年。他们根本不需要交谈。

梅维斯仍然渴望丈夫的抚摸，渴望与他身体接触；这种渴望变得如此强烈，就像一种诉求、一种呼唤，或者某种更有力量的东西——召唤。

"我还能感觉到他——就好像他还在我身边一样，你懂的。"

这对我来说是一个重要的发现。我想让她说下去，但察觉到了她内心的挣扎。保持沉默或提出问题似乎都不合适，于是我重复了一遍她刚刚说的话。

"你感觉他还在你身边。"

梅维斯点点头。"在我睡觉的时候。"她停下来看着我，表情奇异而专注，"一天早上，我醒来时看见他站在衣橱旁边。你知道……他的鬼魂。"

"当时你什么反应？"

"'乔治，'我说，'乔治。'但他就那么消失了。"

鬼魂存在吗？当然，有太多关于鬼魂出没的描述，因此很多人认为它们是存在的。

关于鬼魂，比较受到认可的理论有两种。第一种认为鬼是人死后回到人间的灵魂，第二种认为鬼是一种心理现象。如今，我们倾向于认可后一种理论。但是，某种现象源自内心，并不意味着它不真实。例如，你的记忆就是真实的，和石头、树木或太阳一样真实。尽管脑科学家可能会轻蔑地认为，记忆只是潜在生物活动的副产品——仅仅是种表象——但这并不会削弱记忆的真实性质。无论是记忆还是物质实体，都是在以不同的方式表现真实而已。

小说通常比科学更容易发现那些微妙到难以察觉的真相，在鬼魂方面尤其如此。

第一篇真正的心理学鬼故事是亨利·詹姆斯（Henry James）出版于1898年的小说《螺丝在拧紧》（*The Turn of the Screw*）。故事情节很简单：一名家庭教师坚信两个鬼魂（这所房子之前的一名雇员及其情人）正对她照顾的孩子们施加邪恶的影响，于是与之对抗。悲剧随之发生。

让这个故事成为一部心理小说的是它的叙述方式。我们不禁提出问题：故事中的鬼魂到底是超自然现象，还是女主人公臆想出来的？这个故事引导普通的读者开始进行一些业余的精神分析：故事中的鬼魂和这个循规蹈矩的女家庭教师压抑的性冲动之间是否存在某种联系？从这方面看，詹姆斯早在弗洛伊德之前便提出了"超自然现象是被压抑情感的回归"这一解读。鬼魂是无意识的投射。

即使对科学素养早已不同往日的当代读者来说，心理惊悚类的鬼故事也非常有感染力，因为决定其恐怖效果的并不是读者的愚昧。这种故事并不要求我们相信无实体、一心复仇的灵魂的存在，而只需要我们相信一些关于人类心理的显而易见的事实。因此，鬼魂从这个意义上说是真实的，就像我们的记忆和禁忌而隐秘的欲望一样真实。

梅维斯禁忌而隐秘的欲望再明显不过了。她想和丈夫做爱。而在她的潜意识中，死亡没有被视为无法逾越的障碍。

我随即发现，梅维斯不止一次遇见过"乔治的鬼魂"。过了几周，在渐渐习惯谈论这个话题后，她透露说她在卧室里见过乔治四五次，在公共场合也见过两次。

"我当时坐在公园里，看见他站在一棵树下。"

"他看上去像真人吗？"

"是的，就像他活着的时候那样。他穿着雨衣。"

"你有什么反应？"

"我收拾好东西，准备过去跟他说话，但抬头一看，他已经走了。"

这类"幽灵"往往难以捕捉：一个眨眼、头部的一次轻微转动或者光线的一次微妙变化——比如太阳从云层后出现——都能轻易地驱散它们。

"你还在哪儿见过乔治?"我问。

"在大街上,但人太多,我跟丢他了。"

我倾向于认为最后一次是她认错了人。"好吧,"我点了点头,"好吧。"

幻觉被定义为在不存在外界刺激的情况下凭空产生的知觉。幻觉最常见的形式是听觉和视觉方面的,但所有感官都可能引发幻觉。几百年来,幻觉被认为是疯癫的主要症状,也是精神不正常的确凿依据,但这种观念并不正确,甚至可能始终是错误的。

我们所认为的客观现实是一种折中后的产物,是外部刺激作用于感官再经过解释后产生的结果。我们的视野中存在盲点;我们的视觉落点每一秒都在改变;我们的周边视觉极差,落在视网膜上的图像小而模糊。因此,我们理应看到一个朦朦胧胧、摇摇晃晃的世界,它的边缘混沌暧昧,内部也会缺失信息。可相反,我们看到的世界是完整、稳定、全面、清晰的。这是因为在视觉信息进入意识之前,大脑已经对其进行了大量无意识的编辑。大脑会填补空白,弥补运动造成的缺失,并做出有根据的猜测。这种编辑过程会受到我们的预期、动机和欲望的影响,从而产生偏差。例如,一个新妈妈会把普通的噪声误听成孩子的哭声。即使没有任何吵闹声,她偶尔也会虚惊一场。她会把头歪到一边，问："你听到孩子哭了吗？"

认知心理学家罗杰·谢巴德（Roger Shepard）说过，知觉是"外部引导的幻觉"，幻觉是"内部模拟的知觉"。换句话说，现实并非全部是真实的，幻觉也并非完全是虚构的。

产生过幻觉却从未寻求过医疗帮助的成年人大约占人群的5%。他们只是接受了自己产生幻觉的事实，并像往常一样继续生活。更有甚者，有三分之一的美国人声称自己目击过天使。这听起来可能有些夸张，但实际上，这个数字和会与幻想中的朋友玩耍的儿童在同龄人中的比例完全一致。

梅维斯讲述的幻觉现象极其常见，并已经有了具体的名称——PBHE，全称为"丧亲后幻觉体验"（Post Bereavement Hallucinatory Experience）。一些研究发现，高达80%的丧亲者体验过这种幻觉。这个数字表明，这些经历是正常的，而绝非异常现象。如果你的伴侣先于你离开人世，你在有生之年可能还会"见到"对方。

丧亲者很少会谈论自己的这种幻觉体验。也许是因为在妻子或丈夫去世后再见到对方的经历如此诡异而私密，让他们不知从何提起。这样的话题要如何开口呢？也许，他们不想提起，仅仅是因为担心被诊断为精神病。

当我母亲在医院病床上奄奄一息的时候，她已经神志不清了。她就算睁开眼睛，也什么都看不进眼里。她只会发出断断续续的"哎哟，哎哟，哎哟"的声音，仿佛有人在不停地用尖尖的棍子戳她。看着她这个样子，无能为力的旁观者是很痛苦的。她熬了一整晚,直到凌晨。她似乎并没有经受巨大的生理痛苦,但始终处于一种不胜其扰的状态。

我母亲最好的朋友就坐在我旁边。"她已经料到这一切了。"她的朋友把一只关切的手放在我的胳膊上,"她花了很多时间做准备。"

"我觉得没有人能在死前做好准备。"我回答,"没人。"

"不,"我母亲的朋友坚持道,"她准备好了。因为你父亲。"

我父亲是10年前去世的。

"什么意思?"

"她能感觉到他的存在。这种感觉变得越来越强烈。她过去经常说:'这种感觉太强了。'她说:'有时我能感觉到他就在房子里。我会喊他的名字。有时他就坐在我身边。'她知道的。就好像他是来接她的。"

10年来,我父亲的鬼魂造访的事,母亲对我只字未提。我只能猜测,这是因为我和她的宗教信仰不同。当她的朋友告诉我她的秘密时,我的母亲已经交代过她的遗言了。自那以后,她再也没有说话,第二天下午就去世了。如今我依然觉得整件事不可思议。

"你认为是他吗——真的是他?"

梅维斯的眼镜滑落了,她把它推到鼻梁上:"是的。"

"你认为这意味着什么?乔治回来了……"

"我不知道。也许他也想我。"

"你信教吗?"

"不。我不去教堂——从来都不去。乔治也不去。"

"你现在相信有来生吗?"

我突然想到,她或许能从信仰中找到一些安慰,或者至少能在教众中找到陪伴和支持。

"我不确定。我不知道我该信什么。"弗洛伊德最伟大的理论贡献之一就是,他提出相互矛盾的信仰可以在潜意识中共存。事实上,人类远比我们想象中更不符合常理。我们会有意识地做出前后矛盾的事。对梅维斯来说,死去的丈夫在卧室里出现这个认知似乎也不会让她转而寻求宗教的庇佑。

"好吧。"我做了一些无关紧要的笔记,想着下一个问题,"乔治跟你说过话吗?"

"没有。他只是出现了……然后就消失了。"

"对这些经历,有没有别的解释呢?"她没有领会我的意思,于是我又说,"有没有可能是,你看到的并不是真正的乔治,而是一种幻觉?"

我并不是要质疑她。我只是想更好地了解她是如何评估这种情况的。她极其不善于思考,态度被动,不愿意去质疑和分析发生在自己身上的事。

她直截了当地回答:"不可能。"

"你不觉得可能是你太想念乔治了,以至于你的大脑产生了错觉?"

她紧闭双唇,皱起眉头,然后再一次说:"不是。"

"梅维斯，"我放下笔，身体前倾，"你见到乔治时有什么感觉？"

"我不害怕。"

我知道我的问题让她不知所措，于是没有继续问。此外，她的幻觉似乎并没有对她造成任何伤害。也许，与其说丧亲后幻觉体验是适应不良的症状，还不如说它是具有保护性和适应性的应激反应的产物。在某种程度上，这种体验让死亡看起来不再是一种没有转圜余地的事实，并能在一定程度上缓解孤独。

梅维斯一共来找过我大约10次。我完全按照要求为她提供了咨询——丧亲咨询和针对她抑郁情况的认知行为疗法（cognitive behavioural therapy，CBT），后者包括鼓励她做几项简单的实验，来挑战她的一些顽固的想法和无益的信念。这些信念主要是关于她认为自己能做和不能做什么的。例如，她觉得自己无法应付社交场合。

在我和她接触的这段时间里，她变得活泼了些，甚至开始参加一个由心理健康慈善机构主办的社交俱乐部。但她的收获不多，因为她其实并不想交朋友，不想提高生活质量，甚至不想变得更快乐。她最想要的，比什么都想要的，其实是性爱。"鬼魂来访"通常会被受访者赋予精神上的意义——它们向受访者证明了灵魂能在死后幸存，并承诺亲人们会在天上重聚。对梅维斯来说，情况却正好相反。她没有或者说无法这样想。她丈夫的灵魂由肉体的欲望创造，不存在上升至灵性存在的可能，只会让她在对肉体的执念中越陷越深。

精神病学家伊丽莎白·库伯勒-罗斯（Elisabeth Kübler-Ross）定义了悲伤的五个阶段：否认、愤怒、协商、绝望，最后是接受。尽管她的作品极具影响力，但悲痛可以被明确划分阶段的观点并没有获得大量证据的支持。丧亲的体验对不同个体而言是独有的，可能存在不同的意义和结果——它因人而异。没有包治全部丧亲之痛的灵丹妙药，也不存在某种正确的哀悼方式。

我最后一次见到梅维斯时，又是一个雨天。她在走廊里拿起雨伞，我为她开门。

"再见，"我说，"如果你还有话想找人聊聊，给心理健康部门打电话就行。"

我们握了握手。她没有微笑。她抬头望向天空，按下了伞把上的按钮，黑色的伞面展开了。她走下楼梯，向街角的酒吧走去。我以为她会回头看一眼，但她继续走着，然后在我的视野里消失了。

我走回屋里，站在窗边，俯视精神病院和研究机构之间的荒凉之地。那位古怪的生理学家——穿着聚酯面料西服和运动鞋——在倾盆大雨中飞奔而过。没有其他人出现。当路灯亮起，铺路石闪闪发光。我暗暗想了一会儿梅维斯的案例。

抱怨婚姻中缺乏性生活的人有很多，但梅维斯和乔治的关系却基本全部建立在性之上。随着睾酮水平的降低，他们的关系本该变成一潭死水——他们本该变成无话可说的陌生人，每天早上在彼此身旁醒来，然后步入互不相干的生活。但相反的是，他们就像吃了忘忧果一样，依然把卧室当作天堂，在那里享受着好逸恶劳的感官快乐。毕竟，从天堂回到沉闷的现实后，他们充其量只能从茶和饼干中得到可怜的抚慰。性本不该继续扮演关系黏合剂的角色。他们本该厌倦了彼此，因为性并不是爱，而只是爱的一部分。但梅维斯和乔治的案例证明，如果激情没有衰退或消失，爱的其他部分就会变得无足轻重。

为什么这会令人惊讶？其实没什么好惊讶的，这种情况之前就发生过：当一段关系走入最初的瓶颈时，恰逢肉体欲望最为强烈的时候，一对伴侣通过性建立的联系比通过对话建立的要更紧密。欲望是比喜好更强烈的东西。

我记得伍迪·艾伦[①]（Woody Allen）有句名言："没有爱的性毫无意义，但在毫无意义的经历之中，没有什么比它更棒了。"

梅维斯和乔治永不消退的激情一定对他们可怜的儿子产生了影响。起初，我认为特里小气又自私，但后来我发现，我为他感到难过。我们都希望父母彼此相爱，但不希望他们爱得太深。热烈相爱、激情始终不减的父母会让子女成为事实上的孤儿。

这就是特里40多岁还住在家里的原因吗？他一生都在等待被爱吗？现在他父亲不在了，也许他还有机会。

死神在离开舞台时总会狡黠地向观众瞥来一眼，暗示他留下了秘密礼物——新生。

---

① 美国知名导演，尤其擅长喜剧与爱情题材。——编者注

第三章

不存在的女人

猜疑与毁灭性的爱

我的患者还没有出现。

我在患者病例本的空白处写上了日期，后面加上"DNA"几个字母——代表"未出席"（did not attend）。临床医生经常使用缩写：SSRI——"选择性5-羟色胺重摄取抑制剂"（Selective Serotonin Reuptake Inhibitor），CBT——"认知行为疗法"，PTSD——"创伤后应激障碍"（Post Traumatic Stress Disorder）。缩写之所以如此流行，主要是因为许多临床术语都是冗长的复合词，在对话中容易让人厌烦。缩写是医疗工作者之间独有的沟通手段，具有俚语的特性。我曾经在一家医院的儿科工作，在那里知道了"FLK"的意思——"看上去古怪的孩子"（funny-looking kid）。有时候，我们无法给小患者做出具体的诊断，但他们身上总有一些困扰你的东西，暗示着有什么地方不太对劲。这种隐约的不对劲几乎总能在面部特征上体现一二，意味着神经发育存在问题。手势和步态方面的特征也是这类问题的重要标志。"FLK"虽然是一个委婉的缩写，但它绝不是最糟糕的。有时一些不堪重负的医生会用到"LLS"——"看起来像屎一样"（looks like shit）。

我把我写着"DNA"的病例本放在一边，拿起另一个文件夹。打开时，我发现这是一封简洁的介绍信。我的下一名患者是一位年近40岁的女性，她遇到了感情问题。读完信上的一段文字后，我花了40分钟翻阅学术期刊，或是在房间里踱来踱去。很多预约心理健康咨询的患者都不会赴约，这意味着心理治疗师会花大把时间四处踱步，用手指敲桌子，查看墙上的钟，以及望着窗外发呆。这种感觉有点儿像被放鸽子，只不过这种事情每天都在发生。电话铃响了，秘书通知我，预约11点钟的患者来了。

安妮塔是一个引人注目的女人——身材高挑，腿很长，金发，紫色眼睛令人惊艳。她穿着随意的牛仔裤和套头衫，但看起来依然很优雅，就好像她随手挑来的两件衣服恰好搭配出了完美效果一样。后来我才知道，她是一名室内设计师。

"据我所知，"我说着，打开了她的文件夹，"你在感情上遇到了困难。"

"是的。"她似乎还想说些什么，但表情变了，犹豫变成了沉默。

"你的男朋友叫什么名字？"

"格雷格。"

"你们在一起多久了？"

"大约一年。"

他们是在一个共同好友的晚宴上认识的。格雷格是一名游戏程序员，开办了属于自己的公司。这是一份利润丰厚的职业，他设计的一款游戏还获了奖。"电脑游戏真的不是我的菜。"安妮塔皱着鼻子说，"我原以为他是个书呆子，但我们聊了聊，立马来电了。我们之间有化学反应。"

人们无法解释为何会相互吸引时，经常使用"化学反应"这个词。1809 年，歌德在其伟大的小说《亲和力》（*Elective Affinities*）中提出，爱情的依恋遵循的规律可能与预测化学键形成的规律相同。男性和女性无疑会对彼此身体的分泌物产生反应，而这些分泌物会在空气中留下独特的分子标记。这些分子在被吸入后，会促进激素变化，为性爱做好准备——即使对方没有察觉到气味的存在。6 世纪的女性会把去了皮的苹果放在腋下，让汗水浸透果肉，随后将这些吸饱体液的水果作为礼物送给心仪之人。后者在分别后会嗅闻这种甜美的麝香气味，以解思念之苦。

安妮塔重复了她的判断："我们之间有化学反应。"她的语气表明她在证实她曾经怀疑过的一些事。

安妮塔和格雷格在一起度过了 6 个月的快乐时光。她感到非常幸福，甚至邀请格雷格搬来和她一起住。格雷格同意了。安妮塔离过婚，抚养着一对 8 岁的同卵双胞胎。

"结果怎么样？"我问。

"布拉德和博喜欢格雷格。他们从一开始关系就很好。格雷格是带着一台 Xbox 游戏机来的。这当然很有用。"

第三章　不存在的女人

"你儿子们和你前夫联系多吗?"

"不多。他们很想见他,但他很不靠谱。他总是让他们失望。"

安妮塔的前夫是个有毒瘾的股市操盘手。"我试着挽救过这段婚姻,但我渐渐忍不下去了。"她看到我担心的表情,抢先回答了我的问题,"没有,他没有对我动粗之类的。天啊,我早该离开他了。他只是变得很难相处。他情绪不稳,满嘴谎话。我不得不为孩子们着想。"

格雷格搬进安妮塔的公寓后不久,他们的关系开始恶化。"我们开始不说话了。"安妮塔说着,眉毛竖了起来。"他似乎对我们失去了兴趣。他总是在外面待到很晚。我给他发短信,他从不回。"他们越来越疏远了。"他在家里待不住。我需要他的时候,他总是不在。"安妮塔的性欲降低了。"我需要和人亲近,保持亲密。"格雷格还变得易怒。"他说我是控制狂。"她给了我一个心照不宣的眼神,笑了。"我不知道该怎么办。"她接着说,"决定和某个人住在一起是件大事,尤其是在你有孩子的时候。我觉得我在这点上可能做错了,心情很沮丧。于是我去看了医生,他给我开了百忧解[①],但副作用非常严重。医生建议我来找你。"

安妮塔显然很不安,但她的声音很平稳。她没有哭,也清楚自己想要什么:"哎,我只是想解决问题。"

---

① 抗抑郁药。——编者注

"格雷格愿意见我吗?"我问,"我想先单独见见他。然后我们可以进行伴侣治疗?"

安妮塔站了起来:"我会让他给你打电话的。"

伴侣咨询这种方法的出身并不算清白。它最初是作为纳粹德国卫生运动的一部分发展起来的。第三帝国为了实现更大的战略目标,推崇的是关系稳定、种族纯正的大家庭。不用说,第二次世界大战后的伴侣治疗出现了截然不同的形式。如今的治疗存在几种形式,但大都包括对沟通和解决问题的技能的训练等部分。不幸福的伴侣会体现如下特点:很少进行奖励性质的交流,却有很多惩罚性质的交流(大多充满了愤怒或指责);消极的互动行为模式升级;性生活的次数变少;在一起的时光不再愉快。

我注意到,安妮塔喜欢用"总是"和"从不"这样绝对化的词。格雷格"总是"在外面待到很晚,他"从不"回她的短信。绝对化的措辞通常是不准确的,反映了一种与认知扭曲紧密相关的思维方式。出生于德国的卡伦·霍妮(Karen Horney)是最早在精神分析中将语言与心理脆弱性联系起来的心理治疗师之一。她提出了"'应该'的滥用"现象,强调了不懂适时妥协的内心想法会制造压力和罪恶感:我应该完美,我应该苗条,我应该成功。鼓励患者发现措辞的细微差别,可以帮助他们对内心想法和现实进行更好的匹配。这种简单的调整常会让患者对事物做出更慎重的评价,获得情绪的改善。我飞快地写下一个术语:过度概化(overgeneralisation)。

第二周，我见到了格雷格——他是个衣冠楚楚、温文尔雅的人，在剑桥大学数学系获得了一等学位。我大致总结了一下安妮塔抱怨的问题，然后等待他的回答。他扯开嘴唇，露出一个苦笑："她没告诉你吧？"

"什么？"

他叹了口气，身体向前探来："我不怎么出去，大概一周也就一两次。出门之后，我都会给安妮塔发短信。我会告诉她我在哪儿，什么时候回来。过去我确实会忘发短信——这是事实——但现在不会了。安妮塔让我很痛苦。我就是不明白她为什么这么没安全感。她的条件其实比我好很多。她甚至差点儿去做模特。"他望着我寻求认同，我点了点头。"但她表现得好像已经走投无路了似的。"

在格雷格看来，安妮塔邀请他搬进她的公寓，是因为她想监视他："她觉得我要去和别的女人约会，出轨。但我不会，我不是那样的人。而且我爱她。"

"你跟她说过这些吗？"

"当然，一直在说，但不起任何作用。她还是觉得我在玩弄她。她总是问我去了哪里，和谁在一起，就跟审讯一样。一旦我犯了一个小错误，或者她觉得她发现了我的某个破绽，她就会非常恼火。然后她就会开始冷处理，拒绝跟我说话。"他的脸色沉了下去，目光也失去亮色。"过一阵，她的情绪会慢慢好转，但我必须向她保证，发誓我说的是实话。"他显得很不自在，揪了揪夹克上一根松脱的线头。"她要求看我的电子邮件和信用卡对账单。"

"你给她看了吗?"

"我没有什么需要隐瞒的。但这样做不对,不是吗?"他向后靠在沙发上,抚摸着修剪得整整齐齐的鬓角。"一天晚上,我回到家,去洗澡。我在淋浴隔间里的时候,安妮塔进来把洗衣篮拿走了。她说她要去洗衣服。"他的眼睛里充满了疑问和犹豫。他不确定要不要继续说下去。"问题是,她没去洗衣服。她只是想检查我的衣服。"

"你怎么知道的?"

"我猜得不一定对,但我觉得就是这样。"

"她在寻找证据……"

"她已经陷进去了。"

格雷格感到难堪。思想就像咒语,只有大声说出口才会发挥威力。

在继续谈话之前,有必要澄清一个问题:"格雷格,我要问你一个私人问题,你的回答会被保密。"

"好的。"

"你是否有过不忠的行为?"

"上帝啊,没有!"他一脸被冒犯到的样子,"我是真希望我们的关系能变好的。我从来没对任何人不忠过。我就不是那种人。"

安妮塔从她挎在肩上的包里找到一根橡皮筋,抓起头发,扎成马尾。"我们不是一种人。"她说,"我们对事情的看法不同。"我承认,客观事实有时不是那么容易确定。

"所以格雷格多久出去一次?他是总泡在外面——像你说的那样——还是差不多一星期才出去一次?"

"也许我说得有点儿夸张了,但那不是重点。重点是我们在一起的时间太少了。"

"你有没有要求看他的信用卡对账单?"

"最近没有。"

她继续闪烁其词,但最后终于说:"好吧,我想我可能控制欲和占有欲很强,可能吧,但那又怎样?如果你爱一个人,这不是很正常的吗?"

嫉妒和爱情有着千丝万缕的关系。中世纪的法国神父安德里亚斯·卡佩拉努斯(Andreas Capellanus)编纂了31条关于"典雅之爱"的规则,其中第二条是:"不嫉妒者不能爱。"

"是的,"我表示同意,"这是很正常的。爱情和嫉妒相伴而生。只有不恋爱的人才不必在意忠诚的问题。"

"没错,"安妮塔似乎松了口气,"嫉妒说明你在乎。"她向我坦白道,"我经常考虑他出轨的问题。我想过很多可怕的情况——它们就像噩梦一样。我想象着格雷格去见什么女人了。他们找了一家脏乱不堪的旅馆,订了下午的房间。"

"那个女人是谁?"

"我不知道。没有某个确切的人……但也可能是任何人。我无法将那些画面从脑海中抹去。"她战栗了,"我甚至能看到他们一起躺在床上。太可怕了，这让我觉得恶心。我现在一想到这些就犯恶心。"在想象男友出轨的同时，她无比想知道他去了哪儿，想知道他在做什么。她会给他的办公室打电话。如果找不到他，她就会开始思考那令人不安的幻想是不是真的。我后来回到这个话题上时，她说："我的直觉很准。也许这就是女性的直觉？我似乎立刻就能知道我和某个人是不是处得来。在我这一行，这一点真的很有用。我就不用在那些费力不讨好的客户身上浪费时间了。"

安妮塔可能看人的眼光很毒，但这并不意味着她有特殊能力，也不意味着她的幻想有任何意义。错误的推理过程必然导向错误的结论。

我依然不清楚安妮塔在不知道格雷格人在哪里时的心理活动。

"你相信格雷格有外遇吗？"我问。

她回答："他可能有吧。"

"这是另一个问题的答案。"

她交叠起双腿，似乎被她靴子上长而尖的后跟吸引了注意力。她伸手去摸它——几乎是抚摸了："有时我觉得他有外遇，有时又觉得他没有。"

西方传统文学中随处可见嫉妒的主角的身影。欧里庇得斯[1]

---

[1] 古希腊三大悲剧大师之一。——编者注

笔下的美狄亚毒死了情敌，杀死了亲骨肉；莎士比亚笔下的奥赛罗掐死了妻子苔丝狄蒙娜；托尔斯泰笔下的波兹内舍夫[①]用匕首刺入了妻子的肋骨。这些描写是残酷的现实的写照。虽然数据因时间和地点而异，但大体上看，在全世界的谋杀案中，杀害伴侣和曾经的伴侣的就占到了大约十分之一。这些谋杀大部分是由不忠行为引起的，无论这种行为是有确凿证据还是仅止于猜测。男性更有可能杀害女性，但也存在女性杀害男性的案例，不过数量要少得多。全世界被谋杀的女性中约有三分之一是被丈夫或男友杀害的，通常是被利刃刺死或殴打致死。从统计数据看，比起和这些熟悉的男性发生性关系，一个女性和完全陌生的男性发生性关系的情况甚至还更安全。虽然嫉妒的严重程度是逐步递增的，但即使轻微的嫉妒也可能突然发作。

假如安妮塔生活在20世纪，她可能会随着医学发展被贴上以下任何诊断标签："奥赛罗综合征""性嫉妒综合征""病理性嫉妒""精神病性嫉妒""偏执性嫉妒""强迫性嫉妒"和"妄想性嫉妒"。今天，这些术语已经被"妄想性障碍：嫉妒妄想型"（delusional disorder: jealous type）或"嫉妒妄想症"取代——这使得病态的嫉妒与克莱朗博综合征（现在被称为"妄想性障碍：钟情妄想型"）产生了密切联系。

如果说克莱朗博综合征的特征是一种对爱情的妄想，那么嫉妒妄想症则是一种对不忠的妄想。治疗这两种疾病的药物是

[①] 《克莱采奏鸣曲》的主人公。——编者注

一样的，说明其神经化学通路是相同的。嫉妒妄想症和克莱朗博综合征都与右脑的损伤有关，而这意味着二者可能还存在更多相同之处。这两种疾病的行为表现也有相似之处。尽管原因截然不同，这两种类型的患者都存在跟踪行为。克莱朗博综合征患者这样做是因为无法忍受分离，而嫉妒妄想症患者这样做是为了窥探；两类患者的行为都依靠强烈的直觉因素驱使，而治疗结果通常都不理想。

我告诉安妮塔，我的一些患者发现，在接受药物治疗后，自己更容易控制嫉妒的想法。她非常抗拒这个方案，因为她在服用百忧解后产生了严重的副作用。不过，还有一个原因。"吃药让我感觉不一样了，内心有点儿死气沉沉的。真的很奇怪，我不知道这是不是我想象出来的，这些药似乎影响了我的工作能力。我走进一个房间以后，脑子里一片空白——你知道，我本来会有很多想法的，配色方案啊，纹理啊，材料之类的。"我过去也经常在从事艺术相关工作的患者口中听到这样的抱怨。有学派认为，情绪障碍，尤其是波动型的情绪障碍，能促进创造力的产生。例如，从事写作的人群在一生中情绪障碍的患病率明显高于同等年龄、性别和教育水平的其他人群。情绪波动可能是一种对高产周期——反思性的忧郁期以及随后的能量激增期——进行强化的绝佳方式。运用化学手段人为地让情绪平稳下来，会让这种效果消失。

安妮塔交往过的性伴侣并不多。用她的话来说，她"相当挑剔"。每次她允许爱人靠近她的时候，她自己的心理问题总是让她不堪其扰。当她谈到暴露真实自我时的感受时，我注意到她的声音失去了力气，特别是在一句话末尾，声音逐渐减弱，最后甚至像被扼住嗓子、无法呼吸一样。人们在害怕或焦虑的时候会出现这种情况。这让她听起来像个无助的孩子。

我们内心都有一个"次人格"，是曾经的自我的遗留物。这种观点起源于卡尔·古斯塔夫·荣格（Carl Gustav Jung）的分析心理学（analytical psychology）。1934年，荣格写道："每个成年人心中都隐藏着一个孩子——一个永远的孩子。他总在成长，永远不会成熟，需要不断的关心、关注和教育。"随后，荣格的格言被许多临床心理学家借鉴和修改，特别是在20世纪60—70年代得到了流行心理学家的热烈支持。这些人经常告诫我们，要爱自己"内心的小孩"。虽然这个概念无疑已经因为市场上的滥用和附加的多余情绪而失去了原本的严肃性，但它依然是一种思考大脑运行机制的有效方式。那些让我们想起婴儿期重要时刻的情绪或情景会激活休眠的记忆，我们因此会再次感到自己变回了曾经的那个孩子。

我仿佛听到了安妮塔内心那个小孩的声音：一个小女孩，躲在拉下的窗帘后面，从缝隙中向外窥视。我本可以鼓励她走出来，但我有些担心。她可能会被吓到，逃走，再也不会回来了。

你可以通过观察一对伴侣坐的位置和姿态了解关于他们的很多信息。我经常遇到伴侣在进入我的咨询室后选择坐在沙发两端,好像两个人被相互排斥的力场包围着的情况。坐着的时候,他们会背对着彼此,或者以一种几乎算背对背的角度别过身去。有时,我会让他们坐得近一些,他们也能接受。但到咨询结束时,他们通常已经拉开了距离。他们都表达了希望能挽救他们的关系的意愿,但他们的言语给出的信息却从来不像肢体语言给出的那么明确。

安妮塔和格雷格似乎很习惯靠近彼此。他们肩并肩地坐着,有时会碰到对方。

从事伴侣咨询的心理治疗师与裁判的角色有很多相似之处。令人惊讶的是,伴侣甚至很难在最基本的事情上达成一致——比如谁在什么时候说了什么。他们对同一件事的记忆都会存在出入。他们会在缺乏证据的情况下做出推论,因此推论往往是错误的;他们会理直气壮地判断对方的想法,堂而皇之地得出偏颇的结论,并将其当作无可争辩的事实。这些情况会令人非常沮丧。在治疗过程中,两个人会变得暴躁易怒,抢着说话并各执一词。关系已经高度恶化的伴侣会开始互相羞辱。许多时候,我不得不提高嗓门,大声命令他们停下来。

安妮塔和格雷格在我面前拌过嘴,但没有到争执的程度。

"我不知道还能做什么。"格雷格说,"我都告诉你我在哪儿、和谁在一起了。"

"是吗?"安妮塔问。

"是的。"

"你就不该这么做,不是吗?你星期二很晚才回家,也没有发短信告诉我。"

"哦,得了吧,安妮塔。拜托,那次情况特殊。"格雷格看着我,做了个不耐烦的手势,"我工作上遇到了麻烦,得参加一个紧急会议。我没时间给你发。"

"发条短信需要多长时间?"安妮塔插嘴说。

"我就是没那个空。"格雷格回答。

"你答应过我。"

"安妮塔,"我说着,抬起手臂,想引起她的注意,"格雷格答应过什么吗?"

"他会给我发短信,每次都要发。"

"我是答应过,"格雷格承认,"我确实这么说过。但安妮塔,你好像不明白,有时候,就算我再想着要对你报备……"他嘴唇张开又闭上,恳求化作一声呼气,再也没能吐出一个词。他已经懒得说完这句话了。

我再次对安妮塔发问:"你是不是怀疑格雷格所说的麻烦是假的?"

"她知道发生了什么,"格雷格说,"我给她看了我的电子邮件——如果你想看,我也可以给你看。情况很严重,我必须立刻在现场处理。"

"安妮塔?"我向她示意。

"他发条信息只需要几秒钟。"

"人在压力下会忘记一些事……"

"不重要的事。"

"这就是格雷格的疏忽吗？意思是你对他不重要吗？"

"给我的感觉就是这样。"

"我知道这件事让你很不高兴，但我现在要求你在深思熟虑后给出答案。你真的因为格雷格在这种特殊情况下没有给你发短信，就认为你对他不重要了吗？"

我试图让她停下来，进行一些思考，意识到她的一些想法可能已经陷入自动模式了。认知治疗师有时称这些想法为"不假思索的想法"。然而，我问的问题指向性太强了。我不该给她压力，让她感觉自己就像在法庭上接受盘问的证人一样。我之前也说过，格雷格没有给她发短信是一种"疏忽"，这种说法或许表明，我已经认定他的行为是可被原谅的。心理咨询师就像作家一样，用词必须万分慎重。

安妮塔变得紧绷。"但是，"她的脸颊因为怒气而变红了，"格雷格总跟我说，我可以依靠他，他值得信赖。但我连发条短信这种事都没法指望他办到。"

伴侣经常因为一些在别人看来根本不重要的事争吵，反复兜圈子，却没有解决任何问题，也没有取得任何进展。他们就像中世纪那些没完没了地争论有多少个天使能在一个针尖上跳舞的神学家一样。但是，当伴侣之间因为一些看似微不足道的问题发生冲突时，治疗师还是有必要努力去倾听争吵背后的潜台词。重要的并不是争论的话题本身，而是这种争论揭示了什么。

格雷格也很生气。"这太荒唐了，"他抱怨道，"安妮塔，你太夸张了。我那天回家晚了多久……有 1 小时没有？"

"1 小时 10 分钟。"

"好吧，"格雷格翻了个白眼，"1 小时 10 分钟。"

我在潦草的笔记下面加了一个词——"完美主义"（perfectionism），然后在下面画了线。

为什么人会有嫉妒这种感情？如果你爱一个人，你应该希望他是自由和快乐的。真正的爱是没有枷锁的。它会使灵魂自由，带我们超越传统的限制。黎巴嫩诗人哈利勒·纪伯伦（Khalil Gibran）写道："爱是世上唯一的自由，因为它振奋了精神，而人类的法则和自然的规律也无法改变它的进程。"这些经常在婚礼上被诵读的句子鼓舞人心，但远远没有卢克莱修[①]（Lucretius）对我们的警告更接近事实真相——"爱神携带着结实的镣铐"。在爱中的我们只有做自己的自由，而这并不是多自由的事。

一些乌托邦社群将"恋爱自由"作为一项指导原则，但实际上，几乎所有这类社群最终都因成员们回归一夫一妻制而规模缩减甚至分崩离析。在允许多配偶制的社会中，只有 5%～10% 的男性选择娶多个妻子。互联网为渴望探索"多角恋"的年轻情侣们打开了交流的渠道，但他们中的许多人都表示，这种生活方式的主要障碍就是嫉妒心。那些能够维持稳定

[①] 罗马共和国末期的诗人和哲学家，代表作有《物性论》。——编者注

的"开放式关系"并抚养了子女的伴侣在整体人群中只占极小的一部分。每次社会工程师或政策制定者试图改变社会结构时，家庭单位都会恢复原来的状态。我们崇尚一份唯一、排他的关系并通过嫉妒对其进行维护的需求，显然是很难被撼动的。

在远古时期，一个茁壮成长的婴儿就是为人父母这项投资的丰厚回报：他们的基因得到了延续。对母亲来说，实现这一目标的最大威胁就是家庭资源的分散——如果她的配偶与另一个女性交配，这种情况就有可能发生。对父亲来说，伴侣不忠的代价更加惨重，可能会让他把所有资源浪费在延续另一个人的遗传物质上。嫉妒是触发预防性演习的警报，是探测情敌的雷达。考虑到男性为伴侣不忠付出的代价更大，男性的性嫉妒往往也更强烈，这解释了在关于谋杀伴侣的统计数据中为何会出现明显的性别不对称现象。

安妮塔的警报总被触发。

"格雷格还住在原来的家里时，我经常比约定时间早到，好做一遍搜查。"

"你翻了他的东西？"

"不。"我等着她的回答。她回望过来，额头上出现了一些横向的皱纹。她摸了摸胸口，仿佛发生了心悸。"我去搜查他的床。"

"你在找什么？"

"就是污渍啊，头发啊之类的。"

"痕迹？"

"是的。"

"你找到了吗?"

"床上总有头发。我会把它们从床单上拿起来,放在灯下看。"

"是你要找的那种吗?"

"我总是没法放心。"

"你还做了什么?"

"我会闻枕头,看有没有香水味。"

安妮塔一直在寻找一个并不存在的女人。不管格雷格多少次向她保证自己的清白,她仍然像法医一样对她那看不见的情敌存在的证据展开地毯式的搜查。

在嫉妒的一些极端例子中,患者甚至在配偶已经承认不忠之后继续提问、监视和检查。这表明,患者脑内的某种神经"开关"出了故障,无法关闭。在这种情况下,嫉妒类似强迫症(obsessive-compulsive disorder,OCD),带来的侵入性思维会使人感到焦虑和不适,于是,个体试图通过某些仪式来缓解这种焦虑和不适。这些仪式是强迫性的,由难以抗拒的强烈欲望驱使。

一种治疗强迫症的有效方法是"暴露和反应预防"。个体被要求在产生焦虑时忍受不适,同时抵抗做出仪式性行为的冲动。扫描研究表明,这种形式的"行为疗法"会减少大脑某些区域,如尾状核和丘脑的活动。这些大脑活动变化的模式与强迫症患者用药后观察到的效果几乎相同。值得注意的是,精神病理学相关的生物学异常可以通过锻炼意志力得到纠正。

大多数强迫症患者在接受暴露和反应预防治疗后，侵入性思维减少了，痛苦程度有所缓解，也更能抵抗做出仪式性行为的冲动了。

我要求安妮塔克制她的搜查行为。她虽然能暂时克制这类行为，但无法坚持下去。格雷格和另一个女人在一起的画面会在她的脑海里浮现，令她心烦意乱。她恶毒的猜疑开始扩散，直到她被嫉妒吞噬，陷入难以自抑的、不断进行质问和侦查的冲动。

几乎所有心理治疗流派都认同的一点是，童年的压力体验会对心理健康造成长期的影响。有些人在逻辑层面上将这一原则发挥到极致，认为产前经历也至关重要。有证据表明，子宫里的胎儿可以感受到外界刺激并做出反应，这种现象中有些会对成年后的行为造成影响。超声波扫描显示，仅仅27周大的男婴就会在吮吸拇指时出现勃起现象。

我让安妮塔讲讲她的童年。

"我妈妈是位艺术家。"她说，并没有自豪的表情，"她真的很卖力，画那些大大的彩色抽象画，不过她卖掉的画还不够我们过活。我和我哥哥小时候，她没有在我们身上花多少时间。她过着那种波希米亚式的生活，现在也是这样的。男人换了一个又一个。我当时虽然很小，但知道发生了什么事。我知道有些事是不对的。我妈妈以前总让我和我哥哥不要说出去。"安妮塔的眼睛睁大了,她的语气就像一个灵媒在引导一个醉醺醺的鬼魂。"'别告诉爸爸。'"

"你替她保守秘密了吗?"我问。

"是的,"安妮塔回答,"当然。但爸爸还是发现了。甚至可能是她自己告诉他的。她在吵架当中就可能这么做——为了效果——她就是个戏精。他们总是吵架,一会儿分手,一会儿又和好。我和我哥哥已经习惯在他们努力和好的时候被送到奶奶家了。"回忆这些时,安妮塔的眼睛湿润了。我感受到了一种奇怪的二元性,一种模糊的状态:成年的安妮塔和还是小女孩的安妮塔悬浮在一种不确定的状态中,仿佛一种预示着可能发生的各种现实的量子叠加。"最后,妈妈安分下来了,不再和男人纠缠。我不知道为什么,也许她太老了,不适合再这么活了。妈妈和爸爸现在似乎相处得还不错。但那时候他俩关系很差。"

大楼里的某个地方响起了电话铃声。

"你对你母亲有什么看法?"

铃声停了。

"很难表达。虽然她是我妈妈,但她作为母亲是很没用的。她对孩子没有兴趣。我猜她觉得照顾孩子很无聊。"

第二次世界大战后英国精神分析领域的杰出人物唐纳德·温尼科特(Donald Winnicott)认为,母亲和子女的关系是预防精神疾病的主要因素。他甚至进一步表示,是普通母亲的无私品质最终造就了整个文明。温尼科特的情绪发展理论的一个核心特征是"抱持"——这个术语不仅包括其字面意义,还包括母亲在各个方面对子女的关怀：喂养、洗澡、照料、安慰。一个"被抱持的环境"会让婴儿感到安全，从而促进婴儿完成从依赖到独立的过渡。抱持也是婴儿对人际交往的最初体验，为接下来的所有社交活动提供了起点。

心理治疗也是抱持的一种形式。心理治疗师提供了一个安全的场所，让人们在其中探索和成长。治疗师和患者之间的关系产生积极作用的时候，和良好的育儿方式的效果类似。这种关系能够帮助患者顺利过渡。

7周后，安妮塔已经适应了心理治疗。她在袒露自我时不再那么如临大敌。我判断此刻她已经能应对更深入的问题了。我想对她的嫉妒进行进一步挖掘，探索它的深度。为了实现这一目标，认知治疗师会使用一种被称为"向下的箭头"的有效的技巧。它通常在治疗师的笔记中被表示为一纵列向下的箭头。写在这些箭头之间的问题在表述上有轻微差别，但实际上是相同的，都体现了对意义的探究。

"安妮塔，你有没有想过，如果格雷格承认他出轨了，你会有什么反应？"

"我会崩溃。因为这太让人意外了，对吧？他从来没承认过吧？"

"是的，他没承认过。"我向她保证，"我只是想知道如果他真出轨了，这对你来说意味着什么。"

"意味着什么？"她看起来很困惑，然后说，"这意味着他一直在撒谎。"她挪了挪身子，怀疑地看着我。我让她说的这些似乎毫无意义。

"那又意味着什么呢?"我接着问。

"他不可信。"

"如果他真的不可信呢?"

"天啊,如果你连你的伴侣都不能信任,那你还能信任谁呢?"

"这么说吧。假设你不能信任格雷格,或是你将来可能遇到的任何人,这意味着什么呢?"

"意味着所谓的亲密就不存在。"

"如果真是那样呢?"

她没有立刻回答,而是缓缓地深吸一口气,然后才说:"我是孤独的。"

她看上去充满恐惧。内心的那个小孩终于从她藏身的地方走了出来。这个孩子曾向一位自私的母亲寻求爱——这位母亲对孩子和丈夫都不忠——而这个要求遭到了忽视和拒绝。

进化保证了我们与父母之间会形成一种紧密的联系,因为在非洲的平原上,一个被遗弃的孩子唯一的结局就是死亡。安妮塔的情敌——那个不存在的女人——并不只是一个性感的竞争者,她还是死神的替身。一想到自己被背叛了,安妮塔就感到万分恐惧,因为背叛等同于把她内心的小孩丢弃在祖先曾经生存的荒野之中。那里阴影连绵,暗无天日。

格雷格坐的位置离安妮塔有一小段距离。

"你没必要问我的过去。都结束了，完了，过去了。"

"你为什么总是死也不想提这个？"安妮塔回应道。

"你怎么能这么说呢——我是说，怎么能……"

"我可把什么都告诉你了。"她强调的代词"你"使这话变成了一句指责。

"我知道。但是没这个必要。我为什么要关心你有过多少情人呢？"

"坦率，或者说诚实？这是很重要的。"

"哦，得了吧……不是诚实和坦率的问题。"

"那是什么问题？"

"你问这些问题的时候……我觉得你在控制我。"空气变冷了。格雷格看向我，寻求帮助，但我只是在空中转了转手指，鼓励他继续。他补充道，"诚实只是个借口。"

安妮塔发出尖锐的回应："什么？"几乎是一声尖叫。

"这是个借口。你说我们要诚实，但其实不是这样的。你是为了获得更多信息，这样你就可以做比较了，就能抓住我的小辫子了。问题是，你总能抓住我的小辫子，因为我不可能记得所有事，肯定有不准确的地方。总会有对不上的地方，但这不代表我在撒谎，也不代表我在故意误导你。这只代表我不记得了，因为过去的关系对我已经不重要了。你才是重要的！"

安妮塔的嘴角微微下撇。

"你有什么想法？"我问她。

"这个要求过分吗？"安妮塔的这个问题是对着天花板问的。

"好吧，我是有个问题，"她转向格雷格，"但如果你再努力一点儿……"

"我？"格雷格拍了拍胸骨，发出巨大的响声，"我？再努力一点儿？我不确定我还能不能。再说了，无论我做什么，你永远觉得不够。无论我说什么、做什么，你永远不会满意。"

做一个完美主义者并没有错，但如果内在标准太高，这种本来值得称赞的特质就会明显影响我们的正常表现。完美主义与几种精神疾病相关，最主要的有神经性厌食症（anorexia nervosa）、强迫症和抑郁症。对于完美主义的本质，人们的看法大相径庭。一边是精神分析学家的观点，认为完美主义是对父母严厉批评的防御措施，而另一边则是认知学家的观点，认为完美主义是一组由大脑直接产生、大体上不存在某种动机的偏好（类似把物品排列整齐的本能）。

安妮塔的母亲不仅对她的情感需求缺乏回应，而且非常挑剔。在之前的一次治疗中，安妮塔说："妈妈总是在找碴儿。如果不是因为她总挑我毛病，我可能会成为一个艺术家，就像她一样。她总是很消极。"

我倾向于认为安妮塔的完美主义是存在某种动机的，而不是认知学家定义的那种自动的完美主义。虽然上述两种不同的理论——防御措施和神经系统特性——并不是非此即彼的，有时某个单一特征是由多种原因造成的，但我认为她的完美主义是前者，而非后者。

安妮塔会沉浸在对格雷格过去的纠结中，不断问他问题，因为他无法给她完美的答案。作为一个熟悉编程的人，格雷格会意识到安妮塔陷入了一个没有"退出"选项的试运行的循环中。

安妮塔看起来很痛苦。

格雷格还有很多话要说。"就算我只是安静地坐着，你的样子也像我做错了什么似的。"他又转过身来面对着我。"在家的时候，我有时会有点儿心不在焉——你知道，只是在想一些事。安妮塔就会很激动地说：'怎么了？你为什么不说话了？'"他握住安妮塔的手，大拇指在她指关节处前后抚摸。安妮塔抬起头，看着格雷格的眼睛。"我希望我们能幸福地在一起，"格雷格说，"但你做的事让我感到压抑。"

安妮塔嫉妒的根源是一个孩子对被遗弃的恐惧。这种原始的恐惧被进化机制选择，又被早期习得的经验放大了。最终，正是这种对被遗弃的恐惧提高了她对精神疾病的易感性。但这意味着什么呢？心理脆弱？我们比较容易把生理脆弱归因为维生素缺乏或骨质疏松。但我们该如何看待心理学上的同类情况呢？心理脆弱的原因是什么？

认知心理学家使用"图式"（schema）来描述影响我们看待、理解世界和对其做出反应的相关信念。图式是由习得的经验创造的。

图式的概念可能很难理解，因为它是一个假设的结构，不能被直接观察到。不过，你可以把功能失调的图式看成一面透

第三章　不存在的女人　　83

镜，射入的"经验之光"会因为镜子上的缺陷而产生折射。生成的扭曲图像是失真的，会引起强烈的情绪。例如，当这种扭曲使世界看起来充满了怪物和危险时，我们就会体验到不符合事实的恐惧。

发展了认知疗法的美国精神病学家阿伦·T.贝克（Aaron T. Beck）认为，不合理的图式至少以两种方式储存知识：第一种是有条件的命题或假设，例如"如果没人爱我，那么我永远不会快乐"；第二种是无条件的论断，比如"我不值得爱"。后者是"核心信念"的一个例子。核心信念藏在心灵深处，比假设更具有影响力。

许多重要的经验习得都发生在语言之前，因此有些图式完全是前语言的（pre-verbal），或是包含非语言因素。在没有语言参与的情况下，习得过程是由身体完成的。当身体"唤起记忆"时，我们会出现心跳加速、换气过度或紧张不安等生理反应。也许这就是为什么我们经常说"直觉告诉我是这样""我有一种本能的感觉"这类话。微妙的感觉似乎不是由大脑，而是由身体的其他部位来记录的。

图式会在潜意识层面发挥影响。当前语言图式被激活时，个体会再次表现出婴儿时期强大而原始的情绪。一个触发因素，比如嫉妒，就可能激活"被遗弃图式"，脆弱的个体会被一种可怕的孤立感击溃。这种情况是自动发生的，缺乏认知层面的调节。心理治疗的主要任务是让脆弱的个体意识到自己内心的图式，并通过纠正不合理的假设和有害的核心信念来对其进行修改。治疗关系——通常需要治疗师扮演代理父母的角色——可以成为改变前语言图式的重要催化剂，然而，实现这样的改变是极其困难的，通常需要治疗师和患者双方的长期努力。

"被遗弃图式"几乎只会在亲密关系中被激活。伴侣中立的评论和行为会被误解为负面信息，让受到影响的个体反应过度。在一阵恐慌和高度激动的状态后，个体会进入冷漠和拒绝阶段，后者同样可以充当惩罚无心伴侣的手段之一。

以图式为中心的认知疗法是融合疗法的一个绝佳的例子。虽然认知疗法和精神分析疗法的具体实践方式是截然不同的，但这两种方法的主要目标都是减少潜意识的影响力，提高对自我挫败行为根源的认识。这样一来，个体就能够进行更准确的评估，而这些评估必然会促进其做出理智的、基于现实的判断。

我的感觉比较乐观。虽然应对嫉妒是一件很有挑战性的事，但我们已经取得了进展。格雷格和安妮塔一直在沟通。他们都非常积极，明确表示希望他们的关系能够变好。我画了阐释图——我的笔记中有一张令我相当满意的图表——表明了安妮塔的妒意的直接和间接原因。我用箭头把她的核心信念、假设和想法联系起来，用圆圈表示某些行为是如何维持的，还用小方框标明了可供调节的变量。安妮塔是一个符合各种心理学模型和理论预期的典型案例。治疗应该会产生效果。

格雷格和安妮塔分手了。

我先看到的是格雷格。他额头上贴了一小块创可贴，就在左眉上方。

"周五晚上，我们在网球俱乐部和一些朋友见面。安妮塔很放松，我们玩得很开心。我们打闹，大笑，互相开玩笑。安妮塔只要愿意，其实可以很讨人喜欢。你可能想象不出来。你只会看到她来咨询时的样子，她对你说的都是我俩的问题，但在外面，"他瞥了一眼窗外，"她是个开心果。当时，有个女人站在吧台前，看着很面熟。她一转过来，我就认出她来了——凯特，我的前女友。我们四五年前在一起过，但当时就是玩玩。我一直低着头，不想打招呼，希望她径直走过去。但我们的一个同伴理查德喊了她的名字，邀请她过来跟我们一起——他们是一家旅游公司的同事。反正当时我不知道该怎么办了。凯特很友好，大家都看出来我俩认识了，但没有人问是怎么认识的。我想，凯特感觉到情况有点儿尴尬了，因为她都没跟我聊几句，大部分时间都在和理查德夫妇聊。谢天谢地，凯特喝完酒就走了。在那之后，安妮塔的话就变少了，整个晚上都很安静。我预感到会有麻烦了，还喝了不少。"他眼含愧疚，仿佛在请求谁的宽恕。我就像赦免罪过的慈悲的牧师那样，示意他没关系。于是他继续说："我这一周都很忙，就想和安妮塔和孩子们度过一个相安无事的周末。我不想吵架。开车回家的时候，气氛很紧张。安妮塔问：'你是怎么认识凯特的？'我告诉她，凯特是我的前女友，然后她说：'那你本来打算什么时候告诉我？'我不知道怎么回答，因为我真正想做的是忘掉这件事，回家，然后亲热一下——就像正常人一样。总之，我解释说，这只是一段很短的关系，我也已经有很多年没见过凯特了。安妮塔说：'什么？你以前没在俱乐部见过她吗？'我说：'没有。'但安妮塔表示怀疑，我能看出她越来越烦躁。"格雷格看着他旁边沙发上空荡荡的位置，就好像突然意识到安妮塔的缺席似的。

"我们回到家后，我付了钱给保姆。我们还在厨房时，安妮塔就开始提问，问题越来越多，一个接一个——问题，问题，还是问题，没完没了。然后她说了一些非常荒谬的话，比如'你现在还觉得她很有魅力吗'。我说：'是的，我现在还觉得凯特很有魅力。'我正要补充一句'但我已经不爱她了'，安妮塔突然抓起一个盘子朝我扔过来。她没砸中我，盘子摔到墙上，一块碎片划到这儿了。"他摸了摸前额上的创可贴。"我心想：我实在受不了了。我只想放弃。这样的日子没法过。"

"安妮塔做了什么？"

"她哭了起来，把布拉德吵醒了，安妮塔又得把他安顿好。她回来后，我告诉她，我搬走对我们大家都好。"

"她有什么反应？"

"她把自己封闭起来了。她变得——我不知道怎么说——茫然、麻木。"格雷格擦去一滴眼泪。

"用吧。"我说着，把纸巾盒放在沙发上。

他看了纸巾盒一会儿，然后抽出一张。"她那么漂亮。我是说，那么光彩照人。"他擤了擤鼻子，把纸巾塞进口袋，"但我们的过去不管有多少美好，都已经被糟心事淹没了。我希望孩子

第三章　不存在的女人　　87

们都没事。他们都是好孩子，我会想念他们的。但如果我和安妮塔还在一起，而她又像上周五晚上那样发火，这对我们任何人都不好。布拉德和博不应该看到他们母亲的那种样子——那对他们很不好。"

我们讨论了他们面临的选择：暂时分居，同时加强治疗。但格雷格心意已决。这段关系结束了。

"你也许会改变主意的。"我说。

"不，"他坚定地说，"我只想找回我原来的生活。"

第二天，我见到了安妮塔。她以一种雷厉风行的职业女性的态度走进了咨询室。她的头发用发卡箍向脑后，妆比平时更浓。她的妆容很精致，但呈现的效果却是那种不自然的光滑——一种类似假人或洋娃娃的质感。她坐了下来，交叠双腿，开始以她的视角讲述这件事。

"我一看到她就起了疑心。他俩之间有点儿什么，我就是能看出来。"

格雷格一直闪烁其词——他拒绝回答她的问题。是的，她是发脾气了，可他的行为不可原谅。

"如果我不问起她，他一个字也不会说的。"这整件事让她觉得非常丢脸。她不得不和凯特坐同一张桌。"看着她和他目光相对，看着她拨弄自己的头发。"安妮塔出色地模仿出一个善于摆布男人的女人的样子：一边吸引男人的注意，一边假装天真无邪。"他怎么能那么对我呢？"

格雷格不太可能改变分手的决定,因此我认为我最好对此保持沉默——至少在我明确到底发生了什么之前。

"你昨天见到他了——是不是?"

我觉得自己有点儿像个两面派。

"是的,我见到他了。"

她坚定地仰起下巴,说:"我们要分手了。"

"我知道。"

安妮塔似乎有些无法呼吸。她补充道:"他要离开我了。"

一开始,她没出声。慢慢地,她抽泣起来,接着是一声极度痛苦的号哭,让她像挨了一记重拳一样身体前倾。泪水从她的脸上滑落,留下一道道睫毛膏的痕迹。她像孩子一样哭着,卸下防备,不顾形象,草草地用手背擦掉鼻涕。我试着让她重新回到我们的谈话中,但她已经退回到前语言状态。在这种状态下,恐惧必然是不可言述的。语言无法介入混乱的世界和自我之间给绝望命名,也就无法抑制它。

还在读本科的时候,我曾经和一位老师讨论志向。我希望我能经过训练成为一名临床心理学家。"这么说的话,"他说,"你喜欢搞点儿悲惨的,是吗?"他故意挑衅地问。"那你可就生活在痛苦中了。"他的目的是让我好好斟酌一下,余生都在封闭的空间中观察人们受苦会是怎样一种情形。巨量的悲痛会令人厌烦,而且难以摆脱。

我唯一一次差点儿在心理治疗过程中哭出来,是在听一个男孩讲述他母亲如何去世的时候。对他一家来说,那原本是激动人心的一天，结果却演变为一场灾难。他们被卷入了一系列最终酿成国家层面的悲剧的事件。数百人受伤，多人死亡。当那个男孩描述尖叫声和残缺不全的遗体时，触动我的不是他的悲伤，而是他的勇气，是他为了准确描述他母亲的情况而努力保持的镇定。他希望通过向别人讲述母亲的英勇之举来肯定她的人格和善良，让她短暂的生命获得意义。

安妮塔停止了抽泣，变得非常安静。那个成年的安妮塔占据了她的身体，于是她说："我不是故意要伤害格雷格的。真的不是。我只是气昏了头。"

人们为什么会陷入自我挫败的行为模式？

弗洛伊德使用了"强迫性重复"（repetition-compulsion）这个术语来描述一种在当前关系中重现早期创伤的固有倾向。安妮塔最想避免的结果是被遗弃，也就是她童年的经历，然而她固执的行为方式却提高了格雷格最终离开的可能性。虽然她的大部分行为是无意识的，但她一定对可能发生什么有一些认知。意识和无意识之间并不那么泾渭分明，而是存在灰色区域、含混的边缘和模糊的界限。此外，她对自己的过去了如指掌。在遇到格雷格之前，她也交往过其他男性，经历过嫉妒，指责过他们，随后，这些关系也都无果而终。她为什么总是重复同样的错误？她的行为为什么如此刻板？

弗洛伊德在对强迫性重复的根源进行思考后推断出了死亡本能的存在。正是这种动力支撑着一切形式的自我挫败以及最终的自我毁灭行为。他发现强迫性重复的合理性隐藏在自然规律之中：器官从无生命的物质进化而来，必然会重归无生命的状态。这种普遍的命运同样存在于我们的思想和秉性之中。我们在做出自我挫败的行为时，就是在让死亡本能把我们朝毁灭推去。

从行为上看，强迫性重复可以被简单地看作一种坏习惯。我们很早就掌握了某些行为模式，而它们成了我们默认的模式。这些行为源于根深蒂固的图式，是我们自我意识的核心，因此任何偏离"脚本程序"的行为都会让我们不知所措。我们体验到了激进派精神病学家 R. D. 莱恩（R. D. Laing）所说的"存在性不安"（ontological insecurity）：我们不再把世界看成一个确凿无疑、逻辑自洽的地方。我们感到自我正在迷失。

即使自我挫败的行为会给我们带来痛苦，我们也很难摆脱它们，因为其他选择会导致更深的痛苦，至少一开始是这样的。不合理的图式就像一双旧鞋。旧鞋并非真的适合我们如今要面对的场合，但我们已经穿惯了它们，已经不会感到磨脚了。

当一段关系恶化时，伴侣一同参加治疗是有好处的，尤其是在有孩子的时候。在各方——包括孩子——都能开始新生活之前，还有很多事情需要收尾，经济问题需要处理，尖锐的矛盾需要解决。如果伴侣希望在不造成太多附加损失的情况下分手，那么他们仍有必要进行理性的沟通。我和安妮塔谈过这种可能性，但她和格雷格都不打算接受。

我向安妮塔建议，她可以考虑接受长期心理治疗。她说她会考虑，但这对我不太有说服力。

"也许你现在感到很失望。"

"你努力过了。"

"这是可以理解的。"

"我有点儿沮丧，但不至于失望。"

我努力改善她抑郁的状态，和她谈了很多关于信任的问题。

"如果我真能确定格雷格是值得信赖的，"她说，"那我就不用问他那么多问题了。"

"但你怎么能肯定呢？没有任何保证。恋爱时，我们就是会冒险的。"

"我不能冒险。"

"其他人能。"

"我不是其他人。"

她端详着自己尖尖的鞋跟，并用手指触摸它。

安妮塔想要爱，但有爱就会有嫉妒。安妮塔的嫉妒成了爱情的阻碍。和格雷格分手后，安妮塔又来找我进行了6次咨询，然后取消了接下来的3次。在她的病例本的最后一页上，三个日期后面跟着字母"DNA"。

我再也没有见到她，至少没有亲自见到她。

美国精神病学协会编纂的《精神障碍诊断与统计手册》（*Diagnostic and Statistical Manual of Mental Disorders*，缩写为DSM）为精神疾病的诊断和分类提供了全面的指南，目前已经更新至第五版（DSM-V）。多年来，这本诊断圣经遭受了大量的批评。其中最严重的观点是，它没有经验依据，其内容受制药公司的影响过大。许多心理学家和治疗师认为，整个精神疾病诊断事业都是错误、单一、简化的，具有误导性，且充满偏见。他们说，人们不应该被"贴上标签"。

从个人角度说，我对精神疾病诊断没有发自理念的反对意见。一种诊断只不过是对一些具有共性的症状的总结罢了。虽然有些诊断结果不如其他结果有说服力，而且总有将正常行为疾病化的危险，但总体上说，我认为诊断是有用的，而分类是一种对多到令人迷惑的症状进行整理的手段。我更喜欢DSM，而不是它的竞争对手——世界卫生组织开发的ICD系统，是因为我发现DSM更容易阅读和理解。然而，两者存在许多重合的地方。

如前文所述，安妮塔的案例轻松地满足了DSM-V中对嫉妒妄想症的诊断标准。这一病症被收录于"精神分裂症和其他精神疾病"一节。这一节描述了一组非常严重的精神疾病。但我们如何确定怀疑就是妄想呢？没有24小时不间断的监测，我们是不可能做出这种论断的。

大约20%～40%的已婚异性恋男性承认自己至少有过一次婚外情，而这个数据在已婚异性恋女性中是20%～25%。在关系确定的情侣中，约有70%曾对对方说谎。在单身者中有超过一半的人尝试过"挖墙脚"——试图破坏其他情侣的关系。从进化心理学的角度看，人类的繁殖策略是混合型的，是固定的配偶关系和投机的性行为的精明结合。

对嫉妒妄想症的诊断实际上是一种猜测，完全建立在对不可知的事实的判定上。格雷格说的是实话吗？他从来没出过轨吗？我认为他是个诚实、正派的人，但我也可能看走眼。他可能是个耍弄人心的老手，抱有不为人知的动机。如果他确实撒了谎，那这对诊断结果又会有何影响呢？这个想法令人担忧。为了让自己感到安心，我回顾了一遍事实，思考已知的，而不去纠结未知的和永远不可能知道的。安妮塔的问题根深蒂固，她有病态嫉妒的历史，却没有实质性的证据来支撑她那令人不快的结论。因此，她可以被描述为有妄想症。然而，在我的内心深处，仍有一丝挥之不去、惹人厌烦的疑虑。

我最后一次看着安妮塔离开咨询室之后，大约过了10年，我躺在纽约一家酒店房间的床上，用遥控器对着墙上的电视屏幕，心不在焉地换着台。突然之间，我瞥见一张熟悉的脸。那肯定是安妮塔。她没有多大变化，我依然记得那双眼睛。她站在一个宽敞、华丽的房间中央，谈论着色彩和材质。我意识到这是一场室内设计展的预告。我跳下床，想看清她手上是否戴着结婚戒指，但画面消失了，我正注视着一张美国东海岸地图，耳边传来天气预报的声音。

第四章

无所不有的男人
恋爱成瘾

在治疗中，一些患者会在情感上经历一种类似脱衣舞的过程。抵抗被一层一层地剥离，直到最后的伪装褪去，真相无论多么令人痛苦、难以接受或震惊，都会水落石出。最后真相揭露前的那一刻，空气中充满了高度的紧张。

大约30年前，我给一位企业家做过压力管理咨询。他是一位身材瘦削、上了年纪的绅士，留着凡·戴克①式的山羊胡，喜欢穿五颜六色的马甲。他向我讲过他打算投资的一个项目，但我当时没太听懂。几年后，我才理解他当时讲的内容。这是一个在很大程度上改变了世界的项目。

他来找过我4次。前3次都很常规——做了一次评估，制定了治疗方案，进行了一些初步普及工作。

他是个很有亲和力的人，出身于工人阶级。和许多成功跨越了社会等级后获得权势与影响力的人一样，他喜欢讲述那

---

① 17世纪佛兰德斯画家。——编者注

些能够彰显他成就的事迹。我不得不经常提醒他，我们还有工作要做。他患有心脏病，而为他看病的专家认为，压力管理是长期治疗方案中的重要一环。他会微笑着做出各种手势：急什么？我们有的是时间。

一个假笑会牵动嘴四周而非眼睛周围的肌肉。这位企业家太阳穴前呈扇形散开的皱纹并没有移动。事实上，它们从未动过。

在第四次来治疗时，他的情绪比之前都低落。对于我的问题，他回答得很简略，最后还伸手去抽纸巾。他眼睛下面凹陷的眼袋里已经积了几滴眼泪。我问他发生了什么事，他仍然只会给我无法令人满意的含糊答案。直到治疗快要结束时，他抬头看了一眼墙上的钟，然后聚精会神地端详着我，眉头紧锁，额头起了皱纹。我们还剩不到 5 分钟了。"压力管理吗？"他这话带有一丝诋毁的意味，"有些压力是没法管理的。"他有些混沌的淡灰色的眼睛一眨不眨。我能听到血液在我耳朵里涌动。那紧张的一刻蓄势已久，仿佛即将迎来一声巨响。"很久以前，"他接着说，"我们在北冰洋中央的一艘船上沿着浮冰航行。我下令把一个人扔进了海里。"

"他是谁？"我问。

这个企业家严肃、坚定地说："他是一个非常非常坏的人。"

"然后你就把他扔下去了？"

"是的。我说过，他是个非常坏的人。你明白吗？坏透了。"

这位患者是认真的吗？或者说，这是对我的一次考验？也许他在骗我?

"我们得谈谈这件事。"

企业家拉了拉袖口,给我看他手表上的时间。到时间了。"我还有约。"他站起身来,整了整裤子,穿上长外套,握了握我的手。"是的,"他说,"我们得谈谈这件事。"他离开咨询室后,我向窗外望去。一辆黑色的奔驰车停在入口处的三条黄线上;一个穿制服的司机走下车来,打开后车门。我看着这位企业家进入黑色玻璃的车内,消失了。他再也没有来过。

心理治疗师有时会提到"入场券"这个词——患者抛出一些相对不重要的问题,以此为契机进入正式治疗。当患者感到舒适和情绪上的安全后,真正或实质性的问题就会显露。我们常常会发现,真正的问题涉及道德方面的因素,导致患者感到良心不安。心理咨询室和天主教的告解室有着明显的相似之处。秘密会压得灵魂不堪重负,而卸下负担的过程会带来一种极大的解脱。对一些人来说,心理治疗的全部意义就是告解。

阿里年近四十。他的祖父——一个来到英国时身无分文的移民——和他的父亲(在阿里小时候就去世了)创建了一个庞大而利润丰厚的制造型企业。阿里很顾家,人也很好,受到所在社区领导者们的尊敬。在我看来,他很友好,但他身上也带有一种疏离感。这种气质、态度对我而言并不陌生。它让我感觉患者仿佛坐在一块厚厚的玻璃后面。阿里看起来有些心不在焉,没什么大的情绪起伏。我感到我还没能跟他建立起有效的联系。

为使治疗有效，治疗师和患者之间需要建立某种联系。它可以是一种简单的纽带，是任何两个想努力达成共同目标的人都可能发展出的联系；它也可能是一种更复杂的联系，如在精神分析中，当患者把早期关系相关的情感和思想投射到治疗师身上时，会赋予这种投射某些特殊意义的联系。

阿里和人保持疏离的习惯，让我想到某些超级富豪和名人的风格。也许富豪因为人生中接连不断的特殊经历而多少提高了对刺激的阈值，而名人则因为不得不经常面向公众回答关于私生活的问题而产生了一套应对模式。许多名人似乎根本无法脱离某个固定人设的保护壳，哪怕走进心理医生的咨询室，也依然会像笑星、演员或摇滚歌手那样夸张地说话和做事。想用心理咨询的常规手段帮助他们几乎是一件不可能的事。这感觉就像是在给一块人形纸板而非有血有肉的人提供咨询。

阿里的穿着非常随意：破洞牛仔裤和运动鞋、皱巴巴的亚麻衬衫，一个廉价的嬉皮士装饰品挂在他的手腕上。他不是那种会被指责炫富的类型。我注意到，当我们的谈话停顿时，他很快就露出了无聊的表情。

他和妻子亚丝明结婚快20年了，有4个孩子。他们并不是受父母之命结合的，但双方的家族本身就有生意往来，当时双方父母都热切盼望他们见面。上一辈介绍他们认识后，阿里的家人鼓励他去求婚，甚至可能采取了一些激励手段。再后来，阿里的叔叔们——他们之前一直在经营阿里父亲创办的公司——退休了，于是阿里接任了总经理。阿里所有的孩子上的都是私立学校。他们一家住在宜人的郊区一座宽敞的房子里。阿里拥有一切：继承自父辈的财富、两辆跑车和一个忠诚而美丽的妻子。然而，后来发生的一件事前所未有地引起了一场家庭风暴。这件事纯属偶然，是亚丝明以前从来没有想过的——她发现阿里召过妓。当时，她拿起阿里的手机，想在他的联系人列表中查找一个号码，却看到了一系列露骨的短信。她吓坏了。这不是阿里平时用的手机，是他的秘密手机。

阿里瘫坐在扶手椅上，几乎仰卧着，两腿伸开："她很生气。她想离婚。"

"是什么让她改变了主意？"

"我向她解释了我的压力有多大。经营一家大企业可不是一件容易的事，而且我已经接手生意很久了。我解释说，我已经抑郁一段时间了，失去了清醒思考的能力。她说：'你要是不舒服，就去寻求帮助。你要是不去，咱们就离婚。'于是我说：'当然，都听你的。'"

"是什么事让你抑郁的？"

他噘起嘴唇，停顿了几秒钟。经过这么长时间的考虑，我期待的回答不是这样短短的一个词——"压力"。

"你的压力有多大？"

"有很多事情要做，你明白吗？责任，管理。几年前，有段时间生意很困难，我只能解雇很多做文书工作的员工。我只能开始亲自记账。"

"你不能重新雇人吗？"

"当然能。我几年前就该这么做了，但一直没抽出时间来。总有其他事得做，一些必须立刻做的事。"

"你觉得压力很大的时候，有什么感觉？"

"有什么感觉？"我点了点头，于是他说，"……感觉不太好吧。"

"有什么症状吗？"

"有，我觉得有。头痛。"他用手指在前额划了一道，"我头疼得厉害。"

他不是很有倾诉欲。于是我问他抑郁的事情。

"你在抑郁的时候会有什么想法？"

"我会思考我的生意，未来有什么打算……"

"还有别的吗？"

"我的婚姻。我对我做的事感到愧疚。"

他的回答总是简短而缺乏信息。他似乎很疲倦，因此说话很吃力。他肥厚的眼皮耷拉着，眼睛慢慢地眨着，让他看着像只心满意足的猫。他看上去好像马上就要睡着了。

有一次，我的一个患者在我话说到一半的时候睡着了。我知道如果我叫醒他，他会感到尴尬，所以等着他自己醒来。等他睁开眼睛，我接着他睡着前我说的话继续说下去。他完全不知道自己已经睡了15分钟。

我开始怀疑阿里来找我咨询完全是为了应付他妻子的威胁。他的秘密生活已经暴露，现在他只能假装心理出现了问题，以免妻子提出离婚。我用更委婉的措辞向他提出了这个问题，但他的反应令我吃惊。

"不，"他说着，抬起身来，似乎我提出的这个可能性让他很不舒服，"我认为亚丝明是对的。我的心理是出现问题了。"

"你能再多讲讲你的真实想法吗？"

"好吧，"他左右摇晃着脑袋，好像要释放一根被困住的神经似的，"好吧。我只是还不太习惯做咨询。"他用手懒洋洋地朝咨询室挥了一圈，"我一直不太健谈。"

我们的谈话仍然没有触及什么实质内容。阿里打了个哈欠，拨弄着手镯上的饰物，不时重复自己的话："经营一家公司是很困难的，责任太重了。我不知道亚丝明有没有意识到这一点。她从来都不管事。我这么说倒不是给我的行为找借口，绝对不是，但是……"

"你对她有没有过怨气？"

"怨气？我对她？不，她是个好妻子，一直都是。也是个好妈妈。"

也许我对他的评判太苛刻了。也许他确实遇到了很大的困难，但因为太焦虑而不愿谈论它。我为什么会这样想？阿里看上去并没有特别焦虑，说话的语气始终如一。我只是有种感觉——一种直觉。我强调过，情绪化的推断是很危险的。我不是正在犯我提醒患者不要犯的错误吗？

20世纪60年代末，心理学家保罗·埃克曼（Paul Ekman）对假装病情好转的抑郁症患者进行了一项研究。这些患者假装好转的原因是想逃避医生的密切监控，好成功自杀。当这些患者接受采访的录像被放慢时，我们能识别出一些转瞬即逝的消极的面部表情，而这些表情与具有自杀倾向的人的表情是一致的。在现实生活中，这些转瞬即逝的表情只会持续几毫秒。心理治疗师的日常工作中包括对表情的大量观察与解读，因此他们对消极的微表情很敏感。他们会下意识地捕捉到这样的表情，产生一种哪里不对劲的模糊感觉。我们从实验室研究中得知，这种情况是可能发生的。在实验室中飞快呈现具有威胁性的图像时，观察者哪怕只看到图像一闪而过，也可能会出现与恐惧相关的生理变化（例如汗腺活动增加）。也许我们所谓的直觉、预感和第六感只不过是前意识处理过程中的副产品：对无法进入意识层面的潜意识信息进行接收的结果。

我们讨论了阿里的婚姻。

"你的妻子无法让你满足吗？"

"不。我们的性生活很棒。一直都很棒。"

"那你为什么要去找妓女呢？"

"我不知道，我只是……"他举起双手，又让它们重重地落在椅子扶手上，"我不知道。"我再次感觉到眼前的这个人非常焦虑。"我想我可能需求太强了，"他接着说，"我是说，性需求。我每天都需要做爱。亚丝明虽然每天都可以配合我，但我性欲很强这点是真的。"

他吐露的这个小小的真相让他离坦白又近了一步。他改变了想法，意识到也许能就此卸下一个负担。"即使在我们做爱之后，我还是觉得不满足。这种需求特别强烈，甚至会把我吵醒，让我去洗手间手淫。"

"这种情况多久发生一次？"

"很多次——每天晚上，有时一晚上几次，有时更多……"

"那么，平均来说，你在24小时内的射精次数能有多少？"

"大概3次吧，不过量不多。"

"你一直都这样吗？"

"是的，我从年轻时起就这样。从某些角度说，我以前比现在更糟糕。真的，糟糕太多了。"

我曾经对这种说法持怀疑态度。我一度认为，一个即将年满40岁的男人不可能还保有一天高潮3次及以上的欲望，也不会再有这样的能力，但我的认知得到了更新。

有一小段时间，我专门负责为滥交的男同性恋和男妓提供咨询。这段经历对一个专一的异性恋来说可谓无法想象。在一家夜总会专门为滥交提供的房间里，一个人可能与10~20名性伴侣发生关系，并经历同样多次的性高潮。来自直肠和前列腺的高潮的愉悦感是由盆腔神经和腹下神经介导的。在临床文献中，有一份病例报告称，一名男性在排便时体验到了性高潮。一些癫痫患者会被刷牙的动作引发性高潮式痉挛。我的一位女性患者可以靠捏破气泡包装纸来达到高潮，她还表示这种状况可以一直延续。出于不言自明的原因，我并没有要求她演示，但我必须承认，我对此充满好奇。认为人类的性行为存在某种极限是个不明智的想法。

第四章　无所不有的男人　　105

阿里的眼睛睁大了，我感觉他还有很多事没说，但我们只剩几分钟了。阿里揉着下巴说："对不起，我隐瞒了一些事。"

"哦？"

"关于妓女的。"他转动着腕饰，"我们的谈话是保密的吧？"

"是的。"

"我的意思是，如果我把实情告诉你，你不会告诉我太太。"

"是的。不过之后我会跟你讨论。"

"什么？讨论我是不是该告诉她？"

"对。"

"但你不会告诉她。"

"对。"

谈话停顿了。他弹了一下舌头，然后是一段更长的停顿。

"你之前想说什么？"我问。

他不再转动饰物，把它拨到一边。"嗯，就是妓女的事——其实不止一个。其实我从挺久之前就开始找妓女了。"我感到一种紧张感，有什么事情即将到来了。阿里继续说，"实际上接近3000个，也许更多。"

"3000个。"我重复道。

"是的。"阿里的表情让人难以解读：内疚混合着羞愧、属于男性的骄傲，还有孩子气的喜悦？所有这些情绪或多或少地混在一起。

"这是怎么办到的？"

"我半夜起来不只是为了手淫。有时我会出门去找妓女，然后再回来。有时我一天会找好几个。"

阿里的妻子发现了他的出轨行为，而这件事成了他的"入场券"。最后，他主动提到了他真正的问题——至少我是这么认为的。事实上，我这个结论太草率了。滥交根本不是他真正的问题。他真正的问题要有趣得多。

"性瘾"（sex addiction）这个词最早出现在20世纪70年代。在这个词出现以前，性欲亢进的患者被称为"色情狂"，在英语中，患者为女性时叫"nymphomania"，为男性时叫"satyriasis"。精神病学家、性学研究创始人理查德·冯·克拉夫特-埃宾（Richard von Krafft-Ebing）最初出版于1886年的臭名昭著的案例研究著作《病态性心理》（*Psychopathia Sexualis*）对这两种情况都有描述：案例193，一个"受到广泛尊敬"的农民在24小时内进行了10～15次性行为；案例186，一个"出身高贵、受过良好教育、脾气温和、非常谦虚"的女性，在和任何年龄的男性独处时都"很容易脸红"，然而她"会剥光他的衣服，强硬地要求他满足她的欲望"。

把性需求当作一种会成瘾的对象来讨论是一件有意义的事吗？只要情况允许，人类——尤其是男性——具有强烈的动机去寻求性满足。无论是皇帝、独裁者、好莱坞影星还是粉丝众多的歌星，其中不少人都拥有不计其数的性伴侣，而这仅仅是因为他们有条件这么做。当老鼠按下一个控制杆就能让电流刺激它们大脑的快乐中枢时，它们就会一直这样做。人类同理。

如果有随心所欲做爱的机会，人类也会表现出同样的行为。

批评者们认为，性成瘾的概念本身就是被误用的。他们认为，我们应该把"上瘾"这个词留给可卡因、酒精或糖等本不属于人体，在被摄入后会让人体产生依赖性的物质。沉迷于性、赌博、购物或玩电脑游戏等行为不应该被归为"上瘾"，因为没有任何物质被摄入、注射或吸收。然而，上述所有行为都会在生物化学方面对人体造成影响，而性行为会产生类似苯丙胺和阿片样物质的内源性化合物。肾上腺和脑垂体可以制造让人产生"兴奋"和"冲动"、像毒品一样让人上瘾的激素。这样看来，批评者们对成瘾概念的主张没有认识到行为和生物化学之间的作用，因此在某种程度上是武断的。

我的个人观点是，如果考虑到个体的主观状态和所处环境，性成瘾是一个有用的概念。

例如，阿里的行为是否会让他感到矛盾？他是否想要停止召妓，但又无法控制欲望？这种行为是否对他和他的家人造成了严重的负面影响？他是否感到内疚？在治疗过程中，他对上述这些问题都做出了肯定的回答。

"你妻子从没怀疑过你？"

"没有。她不是那样的人。她就不是个多疑的人。她什么都不知道。"

"她容易相信别人。"

"是的，非常容易。"

"你对此感觉如何？"

"呃，不好，当然不好。听着，我不想伤害她。我为什么要那么做？我最不希望看到的就是她受伤害。"

"但如果她知道了真相……"

"她会……"他想象中的情景太可怕了，让他难以形容。他坐了起来，也许是被一丝救赎的希望激励了。"我不想这样。我十几岁的时候就开始找妓女了。我一开始是和朋友们去赌场的，就这样一步一步越走越深。这么多年来，这个问题越来越严重了，情况已经完全失控了。我有工作要处理，要去见客户。但其实我只是人去了，心不知道在哪儿。"他朝窗外望去，灯给他的脸勾勒出一层银光。

由于耐受性——一个可以用来解释行为失调和失控的医学概念——的提升，成瘾问题会不断升级。人的身体有适应药物的能力，因此为了达到与此前一致的效果，成瘾者需要不断加大剂量。同样，性成瘾者也会适应频繁的性刺激。当性逐渐变得不那么令人愉悦时，他们需要重新努力来达成一个不断拔高的目标。这种影响在沉溺于网络色情的人身上表现得十分明显。他们中的许多人花费数小时甚至数天时间浏览的色情网站口味越来越重，因为普通程度的色情图片已经不能再让他们感到兴奋了。在文学描写中，寻欢作乐的浪荡子通常是一副愤世嫉俗、厌世和百无聊赖的模样。这样的描述证明了一个矛盾的真理：过度追求快乐反而会让快乐难以获得。

阿里从窗户的方向转过脸来，继续说着，好像什么事都没发生过："我现在的处境很艰难。我花了很多钱。"

"你负债了吗?"

"是的,可以这么说。"阿里仔细研究着椅子扶手上的花朵图案,用食指勾画着一棵郁金香的边缘,"问题是,我觉得现在一切都做得过火了。我想我再也回不去了。"我不确定他是什么意思。他指的是他的财务状况还是精神状况?他看出了我的困惑不解,便加了一句,"是公司。公司的情况不太妙。"

"我可能不知道你在说什么……"

"是因为我的习惯。"他再次注意到了我的困惑。"有些姑娘,"他继续说,"她们很贵,你知道,漂亮的那些。她们确实漂亮。"

"你打算什么时候告诉你妻子?"他张着嘴,眉毛挑了起来。这下轮到我来解释了,"不是说多少个妓女,是公司的问题。"

"我不知道。"

"你一定知道公司陷入困境了吧?"

"知道,我负责记账。"

"那么就不能采取什么预防措施吗?"

"我现在什么也做不了。没钱剩下了。"他扯了扯下嘴唇,然后松开,又重复了他对妻子说过的话,"我一直不想直面这件事。"

有时候,现实情况让我们非常焦虑,我们只能假装一切都好。在弗洛伊德及其后来者辨识出的许多心理防御机制之中,否认是最容易理解并最常被观察到的一种。每个人都或多或少有过否认的经历。当可能预示着严重身体疾病的症状第一次出现时,这种防御机制通常会被调动起来——"这什么都说明不了，很快就会消失的"。否认在一定程度上对人有帮助，因为这种行为可以让人在面对坏消息时做出调节，有助于当事人逐步接受事实。个体不会被压垮。然而，极端的否认会妨碍人们做出理性的决策。

"接受事实是非常难的，"阿里继续说，"亚丝明是个自尊心很强的女人，在我们的社区非常活跃。她做了很多慈善工作——组织活动，筹款。我们家是有好名声的。"

"我知道很难。但可以想象，如果你的生意失败了，肯定会出现一些严重的后果，你想瞒她也瞒不了多久。"

他并没有在听我说话。"像我这样的人，"他慢慢点了点头，说，"就应该付出。别人也希望我付出。"

经过两代人的经营，阿里家族的生意为他们赚了很多钱。我在笔记的空白处草草写下了一些粗略的数字。即使阿里支付了超过3000名妓女的费用，而其中大部分是昂贵的类型，他的生意也应该承担得起这笔钱，特别是考虑到这笔支出是分散在大约20年中的。我向他提出了这个问题，而直到那时，他才告诉我他真正的问题所在。

"不只是性的问题。如果只是因为性，我其实不会有多大麻烦。实际上，我把大部分钱都花在别的地方了。"

"别的地方？"

他摸了摸结婚戒指，然后摸了摸腕饰。我不知道他是不是在举行一场迷信仪式，但我没有问，因为我想让他保持专注。"我不知道该怎么解释。"

我等着他继续说下去，但他保持沉默。"试试看。"

又是一阵长时间的停顿。外面传来车来车往的声音，以及楼梯平台上的说话声。"好吧，好吧。"他的头向后仰去，直到枕上垫子，"一般来说，给完钱就结束了，但总有一些女孩会打动你。我不知道这是什么原理，怎么发生的，但确实有这种事。"他按压着自己的胸口。"我还会去找她们，成了常客。我们还会有更多交往。我们会像情侣一样继续约会，互相了解。我会带她们去高档餐馆，非常高档的餐馆，实际上，是最好的餐馆。我还会给她们买礼物。"他做了个鬼脸，然后补充说，"有很多钱就是这么花掉了，花在别的地方了。"他仍然向后仰着头，视线似乎落在我身后的某个高处。他需要努力摆脱现实的桎梏才能完成忏悔。"我对有些女孩非常用心。我们会为未来做计划，会讨论我们在一起后的生活是什么样子。我们会和房产经纪人一起去看大房子，我们都特别兴奋。"他闭上了眼睛，然后又睁开了。

"这么说你确实想离开你的妻子……"

"不，从来没想过。"

"那你为什么要做这些？为什么带这些女人去看房子？"

"我从来没想过离开亚丝明。和这些女孩在一起的时候做这些，就好像——"他停了下来，我以为他要补充一句"只是个游戏"，但他的嘴唇抿在一起，下巴紧绷。

"你经常这样做吗？"

"经常。"

"是的，但有多少次？"

"我不记得了。"

我变得如同一个审判者,迅速的提问让他感到不安。

要欣赏小说,读者必须放下怀疑之心,进入一个由经不起推敲的艺术手法构建起的世界。任何文体特征都有可能干扰到读者参与的积极性。一句别扭的话、奇怪的语言习惯或意外的影射都会让读者从故事中脱离,意识到自己此刻并没有在太空观察地球或捕捉白鲸,而是坐在房间里看书。心理治疗和小说一样,也需要以完全沉浸其中为前提。阿里把头从垫子上抬起,微微皱起眉头。我让他脱离了沉浸的状态,因此需要花一些时间来重新获得他的信任。

接下来的谈话是断断续续、碎片化的。即便如此,一幅更加清晰的画面开始浮现。"性是达到目的的一种手段,一种拉近距离的方式。我年轻的时候,一切都和性有关,但现在不一样了。我想要更多。她们那么漂亮,那些女孩。你看着她们,就感觉光做爱是不够的。你想要更多东西。"

阿里并不是真的对性上瘾。让他上瘾的是求爱的过程。烛光晚餐,鲜花,奢侈的礼物——项链、珍珠和钻石——眼眸凝视彼此,指尖划过桌面,小提琴的背景音乐,白色餐巾上的一朵玫瑰……让他上瘾的是这些精心设计的浪漫仪式。不过,阿里的精神病理还有另一个层面,另一次对真相的揭示,一个最终的转折。"这与我是否爱上她们无关。"他说,"重要的是她们爱上我。"有时,在性爱、用餐、送礼、对共同未来的幻想和看房之后,他的努力会换来示爱的回报。这是他最渴望的:被某个人爱上的感觉。当他听到一句真诚的"我爱你"时,这种关系便完成了它的使命。为了再次获得同样的兴奋感,整个过程必须在另一个女人身上重复。

"有人在分手后找过你吗?"

"我一直很小心。我会消灭痕迹。"

爱情的生物化学过程很复杂,但我们知道以下几个事实:当你遇到你感兴趣的对象时,你的身体会释放出苯乙胺,让你感到一阵兴奋;睾酮会激发性欲;依恋和幸福感与催产素有关;多巴胺——有时被称为"快乐分子"——被激发时,会从脑干顶部扩散到全部大脑,改变不同区域,尤其是奖赏中枢内的神经元的反应。我怀疑阿里对所有这些内源性的"药物"都上了瘾。这种生物化学现象给了他被某人爱上的感觉,也正是它给了他最沉重的打击。

人们对成瘾的分析倾向于简单化。对某些化学成分的依赖和(受耐受性驱使的)不断增强的需求等观点似乎足以解释成瘾现象,然而,每个成瘾者都是独一无二的个体。心理层面的影响因素有很多,如知识背景、思维方式、冲动性、情绪干扰易感性等,而这些因素会以复杂的方式相互作用。从生物化学和心理学这两个层面来分析,可以增进对为何成瘾以及这种行为如何持续的理解。在阿里说出最后的真相后,我心中浮现了无数疑问。

他之所以对"被某人爱上"这种精神鸦片上瘾,是不是因为这是他用来缓解某种未言明的痛苦的秘密药物?他是否从操纵与欺骗他的妻子和爱上他的女人们的过程中获得了额外的乐趣？他是如何在多次背叛妻子的同时依然对妻子怀有真挚的爱的？他是自恋狂还是隐性的施虐狂？他的问题是如何逐步形成的？

在第三个疗程结束后，阿里站起来，径直走到门口。他在那里停下来，转过身来看着我。我猜，他似乎在做某种评估：透露这么多秘密，明智吗？

"你接下来要去哪儿？"我问。

"现在？"他猜到我在想什么，于是笑了起来，"不，我现在不是去找妓女。我还没那么疯狂。"

"那下周见？"

"好的，下周见。"他笑着离开了咨询室。

阿里和我建立了关系，同意支付我咨询费，并透露了意味着我已经赢得他信任的私密信息。然而，当我开始关心他的幸福时，他却消失了。他对待我的方式就像对待他找的女孩一样。更糟糕的是，他是靠私人关系前来咨询的，我从来没拿到报酬。下一周，阿里没有来，也没有回复任何电话留言。最后，他的电话再也打不通了。

几年前，我在一家繁忙的医院门诊部度过了漫长的一天后，瘫倒在一位同事旁边。他透过自己倒映在窗户上的影子，注视着外面阴冷的城市景象，一排排的屋顶和烟囱。很明显，他这一天过得和我一样艰难痛苦，耗力费心。

他抬起下巴，说："找心理医生咨询和召妓有什么区别？"

"我不知道，"我回答，"你告诉我。"

"找过妓女后，至少有一个人会感觉好些。"

| Name: | Date: | Case Number: |

第五章

无可救药的浪漫

不可能的完美爱情

11岁时，我坠入了爱河。在第一次产生强烈的爱的感受之前差不多一年，我就有了如今只能被看作性觉醒的体验，尽管我当时还无法理解这样的描述。我的脑海里充斥着班上一个害羞、苗条的女孩的裸体画面。这些侵入脑海的关于肉体的朦胧画面伴随着身体上的感觉——我以前曾把这种感觉当成焦虑的表现——呼吸急促，胃里翻腾。由于性唤起的生理反应与恐惧的生理反应在很大程度上是重合的，这一切感受都令我不知所措。这整件事情可能源于我刚开始为青春期做准备的脑垂体分泌出的激素。

我爱上的那个女孩叫苏珊。今年她一点儿也不像去年那样害羞了。她金色的头发扎了个马尾辫，身上散发出耀眼的光芒。我其实之前就知道她的存在，但只把她当成学校喧闹的背景声中的一员。她第一次吸引我的全部的注意力是在一堂英语课上。老师鼓励我们使用词典来提高拼写能力，于是苏珊打趣说："如果不知道一个词的拼写，要怎么查字典呢？"我认为这句话说得非常妙。

顶着自卑的重压,我发现自己越来越想念苏珊。几天来,她几乎一直占据着我的思绪。她金色的头发和蓝色的眼睛幽灵般地在我脑海中浮现,而记忆中她的声音也会打破我卧室里的寂静。我开始感到不适和痛苦。

我从学校回家需要换乘一次公共汽车。我在等待第二辆车的时候感到心烦意乱、焦躁不安,于是走起路来。这是一种奇怪的冲动,被一些说不清、没道理的目标糊里糊涂地驱动着。也许我动起来以后就不会那么激动了?也许我可以达到藐视痛苦的境界?也许苏珊挥之不去的面孔会从脑海中消失?我所希望的一切解脱都没能实现。回家的路有几千米长,于是我走啊走,用步伐的节奏谱成了一首歌,用可怜又空虚的歌词表达了我在困境中彻底的绝望。快50年过去,我仍然记得一些歌词和简单的旋律。我永远没有勇气接近苏珊这样的女孩。她的头发和她的智慧一样闪闪发光。

最后,我回到了家。我做了作业,看了电视,然后上床睡觉。第二天早上起床时,我感觉好多了。坐在学校的教室里,我能够更客观地看待苏珊了。是的,她很漂亮,我仍然想和她说话,但随之而来的感觉没有那么强烈了。事实上,我似乎没有那么爱她了。到了周末,我已经完全恢复如初了。世界似乎重新变得稳定、平衡和正常。事实上,我不明白自己前两天为什么会那么心烦意乱。

不成熟的爱情会出问题。年轻人的第一次恋爱体验通常发生在一段前所未有的加速成长的时期，只有细胞指数分裂形成胎儿的速度可与之匹敌。与青春期相关的生理和心理变化——外表的成熟、对性的兴趣和大脑的发育——并不总是同步发展的。一个看起来很有男子气概的青年可能会像孩子一样思考和管理情绪。对解决问题、推理、计划和控制社会情境中情绪与行为等方面进行调节的前额皮质，是大脑中最后发育的部分。事实上，前额皮质的发育直到个体20多岁时才会结束。

这也许是关于儿童和青少年生理特性的最重要的一条信息，所有父母都需要知道。它为很多现象提供了解释。大多数年轻人做事丢三落四，行为冲动，容易冒险，会做出不明智的决策，而这些并不是故意挑衅的结果，而是因为他们的大脑还没有发育完全。此外，在青春期，激素水平的突然波动会让尚未发育完全的大脑的情绪动荡更为剧烈。

像"早恋"和"暗恋"这样的词淡化了年轻人在小心翼翼地踏入初恋雷区时会经历的困惑、痛苦和伤害。后果可能是毁灭性的：性强迫、屈从于同辈压力、虐待、后悔、内疚、抑郁，在某些情况下还会导致拒绝、心碎甚至自杀。

我第一次坠入爱河的经历是未来正式恋爱体验的缩影。尽管它短暂、肤浅、不圆满，但它包含了一场足够宏大的浪漫爱情的许多主要成分：痴迷、理想化、远距离倾慕，以及利用情感进行创造性表达的冲动。即使是我突然冲动地决定步行回家这一行为，在浪漫主义诗歌和文学中也有无数的先例：在这类文本中，踏上无尽旅程、走过各种各样对他们的心碎无动于衷的环境的年轻人随处可见。为什么我在 11 岁的时候会表现得像个浪漫主义的典型形象？我是怎么知道该怎么做的，是某种程度上有意识的拙劣模仿吗？我的有些行为毫无疑问是天性使然，但另一些行为表明我不过是受到所处文化的影响，无意识地接受了某些行为模式。浪漫被认为是西方人心灵中最重要的信仰体系，但什么是浪漫？浪漫又意味着什么？

"我只是不明白为什么伊莫金决定分手。我们在一起挺好的。很快乐。"

保罗的生活呈现一条上升的轨迹，成就显赫、前途无量。他曾就读于一所著名的公立学校，在牛津大学学习了哲学、政治学和经济学，随后入职了一家私募股权公司。

"最让人震惊的是，分手没有任何预兆。她只是说了类似'我觉得我们不应该再见面了'的话，就这样。"

他的讲述很平淡——一种有屈折变化的单一语调。他的表情出奇地麻木，就像一个戴着死亡面具的人在说话。

"就是这样。"他重复道。

伊莫金的父亲是一位艺术品商人。她在她父亲所有的一家位于伦敦市中心的画廊工作。保罗是在美术馆观看一次展览时遇到伊莫金的。他当时在找一些可以挂在办公室里的画，而不是一个新女友。

"她的理由是什么？"我问。

"她没有任何理由。我问她有什么问题，但她解释不清楚。

她能给出的最好的答案就是,她认为我们想要的东西不一样。"

"你认为她为什么想结束?"

"我实在说不上来。这是一个谜。我们在一起很开心。我不敢相信我看错了她。"他是个聪明人,预料到了我的下一个问题,"她没出轨。"

"你确定?"

"她是这么说的,我没有理由不相信她。"

他回答得很急。我的怀疑仿佛有失绅士风度,于是他必然要捍卫伊莫金的名誉。

我点点头,暂时接受了他的意见:"有时人们只是渐行渐远了。"

"我们没有变。"

"想找到原因并不总是那么容易。"

"我们的关系是独一无二的。我们不怎么交际,但一出去玩,我的朋友们总强调我们有多般配。他们都能看到。"

他已经不听我说话了。他想要答案,但他能做的只有圈出问题,反复表现出他的难以置信:"难以理解。我就是不明白这是怎么回事。我们在一起很幸福,我清楚这一点。我们追求的东西是一样的。我从来没给她任何压力,从来不提过分的要求。没有必要。她怎么会得出那个结论呢?这不合情理。"

我觉得还是让他倾诉一下比较好。我希望他不断的重复是有效果的,最终能帮助他接受他的处境。最后,他开始陷入回忆,并反复谈论着伊莫金的美貌。他的赞美变得富有诗意。"有时候，比如在一个周日的早晨，我们坐在房间里读着报纸，我抬头看了看她，然后就会那么一直看着她。我的目光无法从她身上移开。过了一会儿，她注意到了，问：'怎么了？'我说：'没什么。'然后假装回去看我在读的那篇文章。我总会看着她，看不够。"她睡着的时候，他也常常这么做。

人们对面部吸引力的评价具有普遍的一致性——这种一致性甚至会跨越种族和文化。眶额皮层似乎是大脑中评估吸引力的位置，而美的通用指标就是对称性。人的面孔非常复杂，很难人工制造。因此，在注视一张脸的时候，我们看着的正是基因突变最有可能表现的位置。脸还能反映一个人免疫系统的状况。我们的祖先生活在一个充满致畸寄生生物的环境中，因此对称的面孔和干净的皮肤充分说明了对感染的抵抗力。对我们的祖先来说，选择一个漂亮的配偶是利于基因延续的好策略。如今情况依然如此。英俊的男性的精子质量更好，而一项针对漂亮女性的比较研究无疑揭示出，漂亮的女性拥有更多可存活的卵子。面部对称的人对异性也更有吸引力。

心理学家和性学家经常提到的"柯立芝效应"（Coolidge effect）表明，新奇具有激发欲望的力量。这个术语来自美国第30任总统柯立芝表现出的一次冷幽默。故事是这样的：总统和第一夫人由不同导游带领参观一家农场。看到一只公鸡交配时，柯立芝夫人问这只鸡交配的频率是多少。导游说，一天能有几十次。"把这件事告诉总统吧。"柯立芝夫人说。导游尽职地将话传达给了总统，于是总统问："每次都是跟同一只母鸡？"导游摇了摇头。不，一只公鸡会和许多母鸡交配。总统很满意，回答说："去告诉我夫人吧。"

保罗和伊莫金的关系持续了4个月。新鲜感是一种强力催情剂，当它与美丽结合时更是如此。保罗还处于令人兴奋的爱情初期之痛中，而他渴望的对象突然退出的事实使他深受打击。他身上有种东西让我想起瘾君子——一个颤抖、虚弱的形象。

他慢慢改变了姿势，看起来很不舒服，好像身体的每一块肌肉都让他感到疼痛一样。他说："我再也不会遇到像她这样的人了。"

这句话说得坚定不移。

保罗的恋爱史对他这个阶层和年龄的人来说并不稀奇，而他总能冷静、达观地面对女性的拒绝。在他的社交圈里，有很多聪明、漂亮的单身女性，很多似乎都聚集在他朋友们举办的晚宴上。他还曾和一位以美貌闻名的著名女演员谈过恋爱。伊莫金并没有特别出挑。在许多方面，她和他的其他女朋友是一样的。

我让保罗重新考虑一下。"真的吗？你再也不会遇到像伊莫金这样的人了吗？"他再次向我描述了她的美丽，还像拨算盘一样用拇指和其他手指历数着她作为女性的美德。在用尽所有的手指后，他轻挥了一下自己的手，对无法充分表意的数字露出些许鄙夷。"但她还有些别的东西——更多的东西——我不知道该怎么说。"

无神论者经常用来攻击有神论者的一点是，后者会呼唤上帝来"填补缺口"。每当科学界出现一个缺口，它就会成为宗教应当存在的依据：我们无法解释宇宙最根本的起源，因此，必须存在一个作为造物主的上帝。在恋爱时，我们也会犯同样的逻辑错误。我们爱上一个人而非另一个的原因其实是不计其数、复杂微妙、难以理解的。其中许多是某些潜意识过程的结果。因此，我们对爱的理解总会出现缺口。于是，就像满怀希望的有神论者一样，我们倾向于用超自然的解释来填补这些缺口。我们暗示说，那是神奇的缘分和神秘力量的作用。

"她是独一无二的。"

"但每个人不都是独一无二的吗？"

"她比别人都惹眼。她真的很出众。"

伊莫金美丽动人，但她的美和其他女性的美不同。她的美到达了另一种层次、另一种程度。她美得像童话故事里的公主，被闪耀的光点和彩虹包围着。

精神分析学家把理想化（idealisation）视为一种防御手段。它会把世界简单化，以此来减少矛盾和恼人的复杂性引起的焦虑。理想化总包含一定程度的否认成分，毕竟，为了认为一个人是完美的，我们必须否认其身上那些不够完美的特质。在某种程度上，我们必须将其"一分为二"，并忽略我们不喜欢的那一半。与"分裂"（split）一词关系最为紧密的人物，是首批专门研究儿童治疗的精神分析学家之一的梅兰妮·克莱恩（Melanie Klein）。她将玩具引入咨询室，对儿童的游戏行为进行了诠释，并因此在该领域取得了成就。

克莱恩认为，分裂的起源可以追溯到婴儿出生的最初几周。那时，婴儿生命中最重要的事情就是吮吸乳汁，而母亲对他们而言不是一个人，而是一对乳房。有时乳汁充足，会带来幸福的满足感（预示着恋爱中狂喜的状态）；有时乳汁不足，或在某些更糟的情况下根本不分泌，会导致沮丧和愤怒的感觉。婴儿无法理解的是，乳汁充足的好乳房和没有乳汁的坏乳房都是同属于一个人的特质。不过最终，婴儿会发展出认知和接受事实的智力，意识到好乳房和坏乳房都是母亲的一部分——母亲是好与坏的混合体，这是一个让人为难、惊愕又无法改变的事实。

接受他人复杂性的能力是衡量成熟的标准，也是建立真实、有意义的关系的必要条件。有些人在遇到感情问题时会回到原始状态中，继续通过分裂来控制他们的焦虑。他们只接受好的一面，否认坏的一面。这样一来，一个为爱痴狂的男人可能会扭曲现实，把一个普通的女人当成女神。

"你和伊莫金吵过架吗？"我问。

保罗环视了一下房间，好像问题的答案就写在其中一面墙上。最后，他回答说："没有，算不上。"

"你说'算不上'……"

"有时我们会有不同意见。我们之前经常讨论很多事情——政治、绘画、音乐。她对现代艺术很有看法，我觉得其中有些很极端。但我喜欢她的激情。"

"你们在一起的时候，伊莫金从没说过什么让你不高兴的话吗？"

他考虑了这个问题一会儿："她……"但他没有把话说完。他说不出她的任何不好。一想到要批评她，他就觉得不舒服。他咳嗽了一声，感到尴尬，但突然又警觉起来。

　　理想化这一概念早在精神分析之前就存在了。11世纪，波斯医生伊本·西拿（Avicenna）认为这一点是相思病的主要症状。他试图挑战患者的信念，说服他们以更现实的态度看待他们渴望的对象——这一点与当代的认知疗法具有令人惊讶的共性。对于患相思病的男性，他还提倡让患者看到爱人沾有经血的衣物。这样做的目的是迫使患者承认所爱之人是血肉之躯，将心中经过理想化的形象拉下神坛。实际上，他是在引导患者将被他们过高估计和否定的部分与现实进行对照，以达到治疗的目的。

　　我继续用一些温和的问题来测试保罗理想化的程度，但伊莫金已经被他供奉在了一处非常高的地方。我的努力只能让他稍稍放下防御心理罢了。

　　"我那么爱她。"他把手肘搭在椅子的扶手上，用手撑着头。这个姿势有些做作。他就像是在模仿哈姆雷特或拜伦[①]。"她对我肯定是有感觉的……"

　　"你为什么这么说？"

　　"她肯定有。"

　　"因为你爱她……"

[①] 乔治·戈登·拜伦（George Gordon Byron，1788—1824），英国19世纪初期伟大的浪漫主义诗人，代表作品有《唐璜》等。——编者注

"我们很懂彼此。"

"我知道这对你来说很痛苦，但有时候爱一个人，不管你爱得多深，你就是得不到回应。"

他抬起头来，对我怒目而视，好像我说了一句渎神的话。我违背了一个神圣的原则：如果你对一个人爱得足够深，你的爱就会得到回应。这是被社会心理学家称为"公正世界假说"（just-world hypothesis）的笼统概念的一个具体表现。这个假说认为，你值得拥有你所拥有的一切，你拥有的一切都是你值得拥有的。然而，这个世界并不公平。不存在一种能够维持道德上的平衡的无形力量。真挚的感情也不能保证求爱一定会被对方接受。

我接受着他审视的目光。"你在想什么？"我问。

他的表情变得柔和，眼神也黯淡了："我感觉我跟她特别亲近，我以前从来没对谁有过这样的感觉。我们第一次睡在一起的时候，我抱着她，还记得当时在想：这感觉太对了。我们的身体似乎是天生一对。"

在柏拉图讲述的希腊创世神话中，人类曾经是双头八肢的生物，分为三种性别：男性、女性和双性同体。宙斯为了惩罚骄傲的人类，把每个人分成了相等的两部分，于是产生了我们都熟悉的有双手双脚的人类。这种惊世严惩在人类社群中留下了一种普遍存在的不完整感。我们怀疑，只有重新找回我们失去的那一半，这种不完整感才能被消除。这个故事既解释了我们内心最深处对浪漫的渴望，又为异性恋和男女同性恋提供了

第五章　无可救药的浪漫

一种解读。柏拉图的神话证明，保罗所描述的深深的满足感，即通过性爱和拥抱再次成为一个整体的感觉，是不同时代的文明中未曾改变的部分。当神话和进化的目标遇到子女的诞生时，这种合一的欲望才可能减弱。在那以后，宙斯造成的创伤被治愈，思念也被像付账单、做家务、送孩子上学、努力睡个好觉等更实际的需要取代。

"我相信她还爱着我，"保罗继续说，"我想她只是不知道该怎么办。我确信在她内心深处的某个地方还有一些东西……一种联系。也许我们的爱太强烈了，太多了，太快了。她感到不知所措。这种事不是挺常见的吗？"

"你一口咬定她还爱你。但你是怎么知道的？"他提了一些缺乏逻辑的推论，于是我追问下去，"你怎么知道伊莫金在想什么呢？"

"好吧……我们很投缘。不管怎么说，我就是有这种感觉。"

我继续抓着这一点不放。克莱朗博综合征的患者会一口咬定，自己了解心爱之人的想法。幸运的是，事实表明，保罗并没有妄想症。"我不能肯定，"他坦白道，"当然不能。但如果你很了解一个人，你就可以做出有根据的猜测。"他举起一根僵硬的食指朝我摇了摇。"不过有一件事我确实知道。我可以让她开心。如果她能再给我一点儿时间，再给我一次机会……"

"她说得很清楚了，不是吗？她不想跟你继续了。"

我说得太直接、太冷酷了，这些不够体贴的话使他不得不抓紧任何救命稻草。他从更广阔的哲学视角获得了新的希望：

"也许这一切的发生都是有原因的。有人说,不好的事情发生后,我们会变得更强大。"

"尼采说的。"我说,但马上就感到后悔了。我告诉他这句话的出处,除了满足自己在学识上的虚荣心,没有任何意义。

有一次,我在医院食堂和一位杰出的精神病学家一起吃午饭。他是一位德高望重、家喻户晓的人物,拥有一所以他名字命名的精神健康中心,还有一部获奖的传记电影。然而,他依然平易近人、关怀他人且极其谦虚。他刚和一位住院患者及其丈夫会过面。"哦,天哪,"他说,"事情的发展不像我希望的那样。她今天很抑郁,所以我想打个比方,给她鼓鼓劲。我开始讲不列颠之战和丘吉尔,然后讲盟军登上西西里岛——我扯得太远了。那个可怜的女人以为我疯了。她丈夫说不出话来了。"每当我想到自己犯了类似的错误时,我就会用这段回忆来安慰自己。

"什么?"保罗向前探了探头。

"尼采,"我重复了一遍,"那个哲学家。"

"是的,"保罗酸溜溜地回答道,"我知道尼采是谁。"

"那些杀不死我们的,终将让我们更强大。"

"是的,是的……"这句名言似乎让他精神一振,于是他坐了起来,"如果我们真的复合了,我会成为一个更坚强的人,一个更好的人。这一切痛苦应该是为某些意义和目的准备的。"

他为自己和伊莫金的分手赋予了新的意义。这不是一个结束,而是一个开始——一个他为了获得真正、至高无上的爱情

第五章　无可救药的浪漫　　131

而必须经受的考验。他有一种老式的浪漫思维。他觉得自己就像亚瑟王时代的一个被流放的骑士，面临诱惑和危险，通过重重考验，最后高唱凯歌归来，而他的美德会得到证明。"如果我们真的复合了，我相信我们会更加珍惜彼此。"他要证明他的爱天长地久，要赢得他的女王的芳心，"我们重新开始以后会过得更好。"

我胸口沉甸甸的感受体现了这个暗喻有多贴切——我感觉我的心在下沉。"无可救药"和"浪漫"这两个词成为英语中的一种固定搭配并非偶然。提到一个时，我们很容易想起另一个。有时一些老生常谈可以提供非常丰富的信息，这就是为什么即使在保罗来治疗的早期阶段，我对其结果也并不乐观。

我第二次见到保罗时，他蓬头垢面，脸色苍白，似乎连胡子都不记得刮了。

"没有她的日子好难。"

"你最怀念的是什么？"我问。

保罗十指交错——动作之笨拙表明他有某种身体缺陷。"我想说，是性。我希望你不要误会什么。因为和伊莫金做爱不仅仅是做爱，它给人的感觉更丰富，感觉……"他皱起眉头，努力冲破语言的限制，"我知道这听起来可能很荒谬，我感觉我脱离了这个世界，脱离了时间。我们能把整个周末都耗在床上。就像其他一切都不存在了一样。"

"你经常想到死亡吗？"我问。

保罗对我的问题感到惊讶,但很快就意识到了其中的联系。他笑了笑,发出一种轻柔的咕哝声:"说实话,我的确经常会想到死亡。"他挤出一声沙哑的轻笑,"还是个孩子的时候,我就经常病恹恹的。我母亲曾经对我说:'还远着呢。在你这个年纪没什么好担心的。'但这并没有让我安心。在那个时候,我就知道,她只是在安慰我罢了。"

"你的家人有信仰吗?"

"没有。我父母都是无神论者。"

"你自己也从来没有从宗教教义中得到过安慰吗?"

"没有,宗教都太不合理了。宗教从来没有给过我任何答案,这很遗憾,因为我其实是很愿意相信什么的。"

但他确实有信仰。他相信爱情。

古希腊哲学家伊壁鸠鲁(Epicurus)认为,我们所有的焦虑和悲伤都可以追溯到一个根源:对死亡的恐惧。这种观点在提倡存在主义心理治疗——一个在20世纪40—50年代时逐渐发展出影响力的后弗洛伊德学派——的从业者中相当流行。大量存在主义心理治疗关注对意义的探寻,而这必定是一件私人的事,因为宇宙在本质上是不具备意义的。我们必须自己决定什么对我们是有意义的。

爱给了我们目标。性使得人们通过生育获得了一种替代永生的形式,降低了(尽管只是暂时地)关于存在的两大恐惧——孤独和死亡。性的结合可以麻痹孤独的痛苦,而当我们的性欲被唤醒时,释放到血液中、对心理造成影响的物质可以

第五章　无可救药的浪漫

使我们忘却时间，感受到无限和永恒。在性高潮的狂喜与谵妄中，我们超越了死亡。保罗需要伊莫金保持完美，因为她的完美具有一种保护作用。爱情使他永生。

16岁生日后不久，我坐在一所继续教育学院的教室里，听一位讲师朗诵威尔士诗人狄兰·托马斯（Dylan Thomas）的《十月的诗》（*Poem in October*），诗的开头一句是："这是我进入天堂的第三十年。"讲师在朗诵完后问了我一个问题："为什么是30？这个数字有什么意义呢？"我不知道。我不太理解这首诗。"这么说吧，"讲师说，"30岁时，你必须接受你已经一只脚踏进坟墓这件事了。这是没的商量的。所以说，30岁是生命中你第一次意识到死亡不可避免的时刻。"

保罗已经31岁。

"我做了一些无用功。"

"你做了什么？"

"我给伊莫金打了个电话。"他的嘴唇失去了血色，被他紧紧地抿着。几秒钟过去后，他接着说，"我想知道她现在的感觉。我们分手已经有几个星期了，你知道，我想她可能已经走出来了，可能更愿意谈谈了。"他摇了摇头——一阵短暂的颤抖，"她不想谈。她说如果我很伤心，她感到抱歉，但她没有别的话可说了。我试着把对话继续下去，问她我做错了什么，怎么做才是对的。"他揪着手指上的小刺，"放下电话后，我对自己感到恼火。"

"为什么?"

"我还没有真正地告诉过她我的感受。我想让自己听起来冷静、理智——但那是装腔作势,根本不是真的。于是我又给她打了电话。"

"多久之后?"

"不长。10分钟。也许15分钟。"

"好吧。"

"我对她掏心掏肺地说着。我告诉她我爱她,只要能让她回到我的生活中,我愿意做任何事。我求她再给我一次机会。"他咽了一口唾沫,喉结上下晃动。他发现很难说出下一句话。

"她有什么反应?"

"她说她希望我不要再给她打电话了——永远别打了。"

"这种反应一定让你很难过。"

保罗深吸了几口气。当他再开口时,他的声音令人动容:"跟她说话,知道她就在那里,在电话的另一端,知道也许我永远不会……可我这么爱她。"他的头向前埋到了双手里。起初,他的痛苦是悄无声息的。他试图控制自己的情绪,但徒劳无功,于是断断续续的哭声变成了响亮的呜咽。"该死的,"他说,"我很抱歉。"

"没什么好道歉的。"

保罗抬起头。他眼睛周围已经肿了起来。

"这种事经常发生吗?"

"是的。"我把纸巾递给他。

"谢谢你。"他擦了擦眼泪,擤了擤鼻子。

"好吧,"我说,"也许你能看出……"

保罗举起手打断了我的话:"不,不……我还没说完。"

"好吧……"

"我一直在回忆我们对彼此说的话,一句接一句地分析。然后我得出一个结论:和伊莫金打电话谈不是个好主意。我意识到,如果我们当面谈谈,可能会有进展。于是第二天,也就是星期六,我开车去了她的公寓。"

"你没有事先跟她说吗?"

"没有。"保罗又用纸巾擦了擦眼睛,"她的公寓有通话器和监控摄像头。她很生气,叫我走开,但我又按了一次,她就让我进去了。她在电梯外面等我,说我吓着她了。我说:'别说傻话。'她怎么会怕我呢?"实际上,很容易看出,她可能是很怕他。他的绝望让他看起来不知道会做出什么。"'你再这么做,'她说,'我就报警了。'她走开了,我跟着她走到门口。她当着我的面甩上了门。"他回想起当时的情景,畏缩了一下。"我知道这样很不好,就好像我在骚扰她、打扰她的生活,但我只想找个机会跟她谈谈,仅此而已。"

"她已经说得很清楚了。她不想让你去打扰她。"

保罗低头看向手里的纸巾,靠上椅子扶手,然后把纸巾揉成一团,扔进了废纸篓:"我就是觉得不该放弃她。我的意思是,那么多歌和电影都在传达一种信息:爱总会给人希望,爱能征服一切。"

"那毕竟是流行歌曲,"我把"流行"这个词的爆破音说得很重,"以及好莱坞电影。"

"当然,没错,但这些东西表达了我们的信念,所以才会受欢迎。它们引起了共鸣。"他看起来突然有些害羞,"我昨晚写了一首诗。自从毕业我就没写过诗了。"

"写诗对你有帮助吗?"

"有,我觉得有。诗能让我把我的感受用语言表达出来。"

"你想给我看看吗?"

他笑了:"天哪,不。"

进化心理学家认为,艺术表现水平可以作为男性健康状况的指标之一。唱歌、在岩壁上绘画、讲述一个吸引人的故事等需要技巧的行为,都能体现个体拥有良好的基因。更有甚者,恋爱时像过山车一样跌宕起伏的情感变化,和与艺术才能相关的情绪波动是类似的。恋爱似乎会让一个人将自己的创造潜力发挥到极致,因此让他们在潜在伴侣眼中的魅力最大化。

在我遇到的许多接受婚姻治疗的伴侣中,一种最常见的抱怨是,另一半"从不谈论自己的感受",而提出这点的绝大多数是女方。的确,男性素来以沉默寡言和缺乏情商闻名。然而,当我问这些妻子她们的丈夫在刚开始恋爱时是什么样子的,她们说,情况完全不同:情书、电话、枕边细语 —— 偶尔还有诗和歌曲。恋爱可以让男人打开话匣子。然而,当一个男人变得口若悬河时,女人应该注意到,他的抒情行为只会持续到确保自身基因得以延续的那一刻。

不过，就算许多人认为选择利用创造性表达来为自己的求爱行为加分是一种男性特色，这也并不意味着女性在智力方面逊色于男性。表演想要具备竞争力，就必须得到表演对象的理解和珍视。如果没有眼光敏锐的观众，所有的表演都会被浪费。因此，这不能说明女性不如男性有才能，更有可能的解释是，她们不会像男性那样大肆宣扬自己在创造力方面的成就。

"你不会再去找她了吧——你会吗？"

"不会了。"

"也不会给她打电话？"

"不会。"

"因为如果你这么做的话……"

"是的，是的。我知道。我不会那样做的。"

我们谈到了他的未来，以及建立其他关系的可能，但他不愿考虑这些可能性。即便如此，我还是认为提出这个想法是有益处的，可以为接下来的谈话做好准备。因为到了一定时候，他必须开始考虑放弃伊莫金，把自己的感情转移到其他人身上了。

在现实生活中，能和自己理想中的伴侣修成正果的人很少。人在爱情中难免要做出一系列的妥协。这并不是坏事，因为理想的伴侣只是一个空荡荡的名头而已。

"从某种意义上说，"我对保罗说，"你想谈一谈的那个对象实际上已经不存在了。也许她从来就不存在。"

他思考了一下我说的话，耸了耸肩："说实话，你这么说也不会让我轻松一点儿的。"

一星期后,当门打开,保罗走进来时,我立刻被他激动的样子震惊了。他省略了日常的寒暄,直接说:"发生了糟糕的事。"

"请坐。"我示意他先坐下。

他坐了下来,情绪激动到双手都在颤抖:"我说到做到,没给她打电话。"他说这话的口气就好像我指责他食言了似的。"但我们算得上见面了,不过是偶然的。"他撇了撇嘴,补充道,"严格说,也不全是偶然。"他用力吸气,又缓缓吐气,试图让自己平静下来。"我当时自己开着车,看见她上了一辆出租车。我没有停车,超过了他们,但我知道那辆车就在我后面,我能从后视镜里看到它。不管怎么说,那辆车遇到红灯停下来了,我看到伊莫金就坐在后面。我想:这太奇怪了。"

"为什么奇怪?"

"在伦敦这么大的城市里,发生这种事的概率有多大?"

"比你想象中要大。"我提醒他,人们经常对可能性做出错误的判断。

"那我可不会拿计算器出来算。"

"不,是因为你给这件事赋予了特殊的意义。"

"是的,可能吧。"

"你认为你们的相遇是有原因的。"

他不想讨论他的错误归因行为,而是急着说下去:"变绿灯以后，我让出租车先走，我跟在后面，直到出租车停在伊莫金家门外。"

"等一下，你为什么要去她家附近？"

"我没打算去——一开始没有。"

"你跟了她多久？"

"没多久，20分钟？总之，我停好车以后，她一看到我下车朝她走过去就崩溃了。她骂了我一顿，叫我别来烦她。我正要向她解释，她就跑掉了。"

我正要问他另一个问题，保罗就像上次一样举起手说："等一下，还没说完。"

"好吧。"

"她报了警。"

"好吧。"

"警察到我家来，警告了我。但我没有跟踪她，我也不会跟踪她的。"

"你知道，如果你继续缠着她……"

"是的，我知道，结局会很糟糕。"

"要是再遇到这种情况怎么办？如果你在商店或酒吧看到她了怎么办？你会怎么做？"

"我会转身，往反方向走。"

"你会吗？还是会认为这种偶遇不简单，并得出命运让你们重逢肯定有什么意义的结论？"

他点了点头。这样的默认十分少见，但我希望他保持清醒的时刻能再多些，否则，我担心他的住处最后可能会从豪华公寓变成监狱的牢房。

"浪漫"这个词的含义格外丰富和复杂，因为它代表了经过千百年积累与融合的许多关于爱情的信仰和观念。浪漫的概念在我们文化中扎根如此之深，让我们不加怀疑地接受了隐藏在其中的假设。在戏剧、歌剧、电影和小说中，只要是为了爱情，做任何事都是可以接受的。

如今的中东地区虽然存在一些输出仇恨的极端组织，然而实际上，那里最成功的输出是关于爱的。西方人对浪漫的理解正是源于中东地区。阿拉伯的贝都因人创作的一种诗歌形式就包含现在全世界的读者都熟悉的几种主题：理想化的情人、受挫的爱慕和忧郁的渴望。以这一传统为基础，11世纪的作家们写出了卷帙浩繁的传奇史诗。摩尔人征服伊比利亚半岛之后，源于伊斯兰文化的爱情故事在欧洲各地传播开来。这些故事很可能是被穿越比利牛斯山的旅行者们口口相传的，而在这个过程中又被中世纪法国的流浪卖艺者们拼凑与杂糅了一番。此后，游吟诗人们口中以骑士为主角的诗章和歌谣为欧洲本土的宫廷冒险文学奠定了基础。这些冒险故事中的典型人物是光彩照人的女王和"美丽却无情的贵妇"，她们的遥不可及点燃了骑士的激情。文艺复兴时期，彼特拉克和但丁等诗人把理想化这一主题带到了激动人心的新高度。"浪漫"一词在18世纪晚期又被赋予了新的含义。浪漫主义演变成一场注重强烈的激情而非冷静理性的运动,其最初的动力来自歌德笔下一个注定以悲剧结局的爱情故事——《少年维特之烦恼》。这部薄薄的作品以主人公自杀为结局,产生了巨大的影响力,在大众的想象中把爱与死亡紧密地联系在一起。许多模仿者在诗歌中歌颂恋爱受挫的痛苦,描绘有自杀倾向的年轻男子们踏上冬季旅途的故事。

人们对浪漫爱情的理解存在一个根本性的问题,那就是这种理解建立在一种错误的观念上。早期的伊斯兰浪漫故事其实是具有隐喻性的,戏剧化地表达了灵魂对神的渴望,而故事中的"恋爱"不过是一种喻体。因此,西方作家混淆了精神和世俗层面上的目标,对求爱和婚姻投入了大量不切实际的期望。一个肉体凡胎的女性怎么可能实现男性心目中梦中情人永远美丽的浪漫理想呢?一个不完美的凡人怎么可能给予你完美的爱情呢?真的只有和某个特殊的人(比如神)在一起才可能获得真爱吗?性无论多么令人愉快,都不会是一种神圣的结合。并不存在让你遇到命定之人的命运(或"上帝之手")。你和爱人的相遇是一种随机事件。爱情中遇到的阻碍没有任何意义,并不是为了考验和巩固爱情而出现的。不存在什么"上天的安排"。

理想化的爱情会对你提出你不可能满足的要求,然后迅速分崩离析。之后,不幸的、失望的信徒们在天寒地冻中依靠一把手枪得到了死亡的残酷慰藉。浪漫主义的世界观根植于将爱情,尤其是年轻人的爱情解读为悲剧萌芽的文学作品,因此是一套具有潜在危险性的思想体系。浪漫在很大程度上是一种不愉快、充满幻觉的体验。浪漫爱情许诺给你的东西,你从来都得不到。

现在,浪漫爱情相关的一切已经被成功地商品化了。在情人节,我们用卡片、花束和烛光晚餐来庆祝浪漫,还会赠送巧克力以及用红丝带和印有爱心的包装纸精心包起的内衣。但我们到底在庆祝什么呢?

克莱朗博的学生、在做学问之外生性浪荡的法国精神分析学家雅克·拉康(Jacques Lacan)表示,婴儿第一次从镜子中看到自己的那一刻,是心理发展过程中重要的里程碑之一。在对自我产生认知后,我们会不安地意识到,别人看到的我们的外在形象与我们更有活力、更具流动性、更真实的内心世界并不一致。所有成熟的成年人必须接受这样一个事实:他人本质上是不可知的 ——也就是说,他们永远无法了解他们爱的人。即使在接吻时,爱人间也存在距离。这种距离是浪漫爱情无法跨越的,而如果想经营好爱情,我们必须尊重这段距离。我们衡量爱的真实性的真正标准不是我们希望和对方多么亲密、多么融洽,而是我们如何在保持独立的同时仍然心心相印。

"你小时候有没有发生过什么事,让你特别在意死亡?"

保罗面无表情:"没,没有发生过。"

"家里有人去世?"他摇了摇头。"学校里有人去世?"

"当然没有。"

"宠物呢?"

"我们没养过宠物。"他举起的双手又无力地落下,"我就是这样的人,真的没有原因。小时候,我一想到死亡就害怕。我心里经常有一种不好的感觉,我想就是害怕吧。现在更多的是无意义的感觉。如果我们都要死了,做什么事不都没有意义了吗?"

"有些人的想法恰恰相反。生命正是因为短暂,才有更大的价值。"

"真的吗?反正我不这么想。"

我们讨论了对完美爱情的追求如何给了他人生目标,如何暂时缓解了他的存在焦虑。他对这些想法很感兴趣,聚精会神地听着。我认为,他如果能更平静地接受死亡,可能就不会那么迫切地在对浪漫爱情的理想主义中寻求慰藉了。

人会害怕死亡是很正常的,但对有些人来说,这种恐惧变得过于强烈,让人忧心忡忡,无法享受生活。医学上将这种情况称为"死亡焦虑"和"死亡恐惧症"。有许多理论可以用来帮助有死亡焦虑的人。这些理论虽然并不总会奏效,但有一定概率帮助患者转变视角,让死亡不再那么陌生和奇怪。

我们与遗忘的关系比一般人想象中更为密切。每天晚上,在无梦的睡眠中,我们都会体验到存在感的中断。此外,我们每天都在忘记一些事情。所以,从某种意义上说,我们在不断地融进虚无之中。对一些人来说,认识到我们诞生前有万亿年时光本就属于遗忘这个事实,就可以把"巨大的未知"变成"旧日重现"。组成我们身体的化学元素来自曾经某些恒星的爆炸，而这些时间点遥远得难以想象。在我们死后，这些化学成分以某种形式继续存在着。我们成了宇宙结构的一部分，并将永远如此。生育后代、做出文化上的贡献、留下遗产或者仅仅是被活着的人记住，都是"来世"的一种形式。仅仅是活着，我们就影响了一个不断扩大的因果关系网，让这个关系网永无止境地扩大下去。

弗洛伊德认为，我们中没有人真的相信自己会死去。尽管我们年轻时可能如此，但随着年龄的增长，这种想法无疑开始动摇了。保罗已经抵达他生命中的一个转折点，已经再也不能否认自己会死亡了。我猜想，如果伊莫金没有出现，那么任何有魅力的女人都会扮演同样的角色。他爱得更多的是他希望她成为的形象，而不是她本身的样子。

"没有她，我不确定生活是否值得。"

我直接问他是否有自杀的念头。

"我想过结束这一切，但是以一种抽象的方式。我是说，我还没想过该怎么结束。"

"你说没有她的生活就没有意义。"

"是的，就是这种感觉。"他眼中泛泪，这反而让我放心了。自杀风险往往和情感麻木高度相关，就好像有自杀倾向的人的伤心程度已经让他们哭不出来了。"我不想死，"他接着说，"我想活着——可我还是想和她在一起。"

保罗无意中挖掘到了浪漫主义的精神内核。伊莫金成了他的一切，她眼中的光芒来自中东天堂里芳香四溢的花园和带有喷泉的庭院。

一周接一周地过去，保罗来到我的诊室，表达着他的渴望。有时候，我只是倾听；而有时候（尤其在他看起来比较坚强的时候），我会指出，他是如何受到一个充满矛盾和错误的假设的信仰体系的影响，才一直感到不幸福的。伊莫金理想化的形象开始出现一些细微的裂痕。保罗愿意承认，她并非总是可靠的。

"如果有人总是迟到，这意味着什么？"

"也许他们很忙。"

"所有大忙人都会习惯性迟到吗？"

"不是。"

"那迟到还可能意味着什么呢？"

"他们可能不善于管理时间。"

有时我不得不放弃苏格拉底式提问："或者他们只是觉得自己的时间比你的更重要？"

"你是说她自私……"

我让他说出的最后一个词在诊室里回响，然后再开口。

在上班的路上，我穿过了一个公园，里面开满了色彩斑斓的花。换季了。

保罗看起来好多了。

"你准备好认识新对象了吗？"

"还没有，但是快了。"

"你遇到另一个人的可能性有多大——一个你能再次爱上

的人?"

他十指相对,低下头去——这是一种暗示祈祷的姿态:"老实说,我也不知道。可能会遇到吧。"

至少他承认了和伊莫金分手后找到新幸福的可能。

保罗挠了挠脖子后面:"我决定到国外工作。美国有个职位。"

"这可真是挺突然的。"

"也不算,我之前就在考虑去美国了。"

他突兀的宣言让我感到不舒服:"你确定你做这个决定不是因为伊莫金?"

"我认为可能应该这么做,重新开始。"

"实际上,我认为,也许你是不信任自己。"

"我不会再偷偷去找她了。"

"如果你去了美国,当然就不会了。"

我的话也许过于尖锐了。

我又见了保罗两次。我们回顾了我们总结的要点,并讨论了他是否应该在芝加哥继续见治疗师。"我先看看我感觉怎么样吧,"他说,"然后再下结论。"他握了握我的手,感谢我的帮助,然后说,"真奇怪。我对你讲了太多,你知道我这么多的事,我对你却几乎一无所知。"

"你想知道什么?"

"也许……你恋爱过吧?"

"是的。"

"很好。"

我们都笑了,然后他就离开了。

最后一次送患者离开是一件很奇怪的事。对我来说,这些最后时刻总伴随着一种特别的悲伤。

之后大约一年,我收到了保罗的一封信。信的内容虽然不够深入,但也令人愉快。他偶然看到了我的一本小说,很喜欢。他的事业蒸蒸日上,毕竟美国的商业环境总体上对风险投资者更有利。我越往后读,越清楚自己希望看到什么。我读得越来越快,希望读到他告诉我他很开心、有了一段新的恋情的内容,但并没有出现这样的段落。我相当愚蠢地把这张纸翻过来,把两面都扫了一遍。我没有发现任何能驱散我内心失望的东西。

多么讽刺,我竟然想要一个幸福的结局:情侣伴着上千把小提琴演奏的高昂乐声走向夕阳。我竟然满怀期待,希望保罗的生活遵循浪漫小说的模式。多么荒谬啊。我折好信,把它塞回信封,放进书桌里。你永远不能低估浪漫的力量。

第六章

走入歧途的美国传教士

肉欲之罪

我在20来岁时，带着妻子和6个月大的儿子离开伦敦，到英格兰北部的一个偏远村庄生活。我和妻子是在一所继续教育学院认识的，那时我17岁，她16岁。我们都来自工薪阶层，都没有从父辈那里得到什么资源。我虽然在学院里获得了一些资格证书，但没有申请读大学。我家就没有人上过大学。我父母在14岁完成义务教育后便抓住最早的机会离开了学校。上大学是别人家的事。幸运的是，我的一个亲戚教会了我弹钢琴，于是我能靠给孩子们上钢琴课获得一份不错的收入。

我在村里找不到学生，因为没人有学钢琴的需求。我考虑过当个作家，但这在当时是完全不切实际的想法。我的妻子除了偶尔到最近的商业街上的酒吧打工，也没有其他收入。当时的我们靠救济金生活，甚至已经算和社会格格不入了。为什么我们要选择这种生活？我可以说出一些能引起同情的理由，但事实是，那时的我们不成熟、不负责任、愚蠢透顶。

太阳东升西落，我们每天的生活都没什么变化。我们买不起书，但偶尔会有一个流动图书馆来到村里。我会读读书，听听收音机，推着我儿子的婴儿车出去散散步。

我们当时一穷二白，却很幸福。离开伦敦是我们共同的决定——我们深受当时流行的逃避主义的影响。不用说，我们天真无知，在这一点上是没法找借口的。

这个村庄的浪漫质朴是它最吸引人的特点。透过厨房的一扇窗户，我可以看到石砌的住宅，被一个地势较高的圆形剧场环绕着。而在村外，四面八方都是起伏的丘陵、广袤的田野、逶迤的河流、破败的古代城堡和荒原。这片引人入胜的风景充满了亚瑟王时期的传奇色彩。在当地的古代废墟中，有一处被称为"忧郁塔"。

我们的小屋后面是一座小山，山顶上有一座11世纪的教堂。这是一座引人注目的建筑。教堂钟楼上有一堵有着独特尖顶的护墙。关于这座教堂有一个流传已久的传说，让我觉得黑暗而扣人心弦。传说是这样的：一开始，村民们想在山脚下建造教堂。但每天晚上，在工人们回家后，石头和木材就会被神秘地运到山顶上。大家都认为这是恶魔干的。他的目的就是让村民们把宗教场所建在一个无法步行到达的地方。事实证明，这个恶魔是个不知疲倦的对手，于是村民们不久后便认输了。这样的结局在民间故事里是很罕见的，因为这些故事往往具有教育意义——人类会用智慧战胜恶魔，善良会战胜邪恶。然而，这个故事没有令人满意的教育意义。恶魔赢了。

教堂里又湿又冷，空气里弥漫着腐烂的祈祷文散发出的霉味。我会爬上小山，进去弹奏那呼哧作响的老旧风琴。一个人坐在教堂里的感觉很诡异，我经常会不受理智控制地回头张望——因为自己的想象而一惊一乍的。最终，我发现了这座村庄在爱德华七世时期[①]的历史，并读到这座小山早在11世纪前就有人居住了。在基督教传入前，这里曾是异教徒祭祀的地方。

像往常一样，我被此间传说与异闻的不祥气息吸引了，也意识到我们的生活仿佛是恐怖作家偏爱的那种典型的小说开头的真实写照。一对年轻夫妇去一个偏僻的地方定居，并愚蠢地切断了与朋友和家人们的联系。他们有一个小孩——恐怖小说的主要元素，通常被用来强调人类的脆弱，放大主角面对的威胁感。我不相信超自然现象，也不相信凶兆，但现实是对艺术的模拟，所有这些迹象都表明坏事即将发生。我本该读一读这部小说的章节标题。我早该预料到这个故事的走向。

瑞秋是一个有两个孩子的单亲妈妈，独自抚养着5岁的萨宾娜和8个月大的肖恩。她和奥地利籍丈夫分手，回到了英国，住在离她父母——比尔和乌苏拉比较近的地方。她父母在两年前退休后就搬到了这个村子。瑞秋和她的妹妹索尼娅住在一起。她们的弟弟沃伦刚刚18岁，和父母住在一起。

我和我妻子开始和瑞秋和索尼娅混得很熟。我们手上都有大把空闲时间，于是经常互相串门。我们一边看着孩子们在地

[①] 指1901—1910年，这一时期被描述为大英帝国国力鼎盛并充满浪漫色彩的黄金时期。——编者注

上玩耍，一边聊天、抽烟、喝茶。

很快，瑞秋和索尼娅对生活的不满显露无遗。瑞秋怀念在奥地利的日子。她越来越怀念奥地利人的生活方式——滑雪、糕点和咖啡馆——现在的生活让她感觉死气沉沉、百无聊赖。可当婚姻破裂时，她别无选择，只有回到英国，与灰暗的天空、无尽的家务和年幼的孩子为伴。

索尼娅的情况与她姐姐不同，但她同样不快乐。她和一个叫亨利的已婚男人的婚外情已经持续几年了。亨利答应她，等孩子们长大后他就离开妻子，但他并没有承诺她一个确定的日期。他住在100千米外的一个沿海小镇，经营着一家还算成功的运输公司。他偶尔会开着一辆漂亮的敞篷车出现，带索尼娅出去玩一天。比尔和乌苏拉反对这样的关系——他们是虔诚的基督徒——但索尼娅不在乎。她沉溺在爱河之中。

瑞秋和索尼娅很难理解，为什么我和妻子会放弃伦敦的生活，选择这个村庄。对她们来说，我们的决定匪夷所思。

"你们到底为什么要来这个鬼地方？"瑞秋问道。她点燃了一支烟，把烟从餐桌对面吹过来。

"我们想逃离城市。"我回答说。

"但这里什么都没有。"她说。

"这就是它吸引人的地方。"

她摇摇头，把儿子抱起来："这里要把我逼疯了。"

"你不觉得这里很美吗？"

"不。"

"我住在伦敦的时候,常常从厨房的窗户往外看,只能看到一堵砖墙,就在几米外。我都快窒息了。现在,我望向窗外,能看到那个。"我指了指俯瞰整个村庄的山坡上隆起的巨大山肩。山顶上的一条条冰凌沿斜坡一直向下延伸到蜿蜒的、布满碎石的河里。

瑞秋看了看窗外,又吸了一口烟:"这里阴森森的。"蓝灰色的烟雾从她嘴里盘旋而出。

"也许只是因为今天天阴。"瑞秋拿起杯子,喝了一口茶。我觉得有必要不冷场,于是继续说,"我一直想住在一个四季分明的地方,接触一些……真实的东西。"

"伦敦不真实吗?"

"和这里不是一种真实。"我停顿了一下,最终直接地说,"我喜欢这个地方。"

"过上一年你就不会这么说了。"

几天后,和索尼娅去买牛奶时,我们也进行了类似的对话。空气中弥漫着肥料和火炉中木柴燃烧的味道。雨下得很大,路像个泥潭。一个说着难懂方言的农民每天赶着他的牛穿过村庄。柏油路上总是覆盖着土块。我的靴子每走一步都发出咯吱声。

索尼娅说:"看看这些狗屁东西。你肯定不会觉得这些很好吧?"

"我觉得天气会变好的。"

"你就不怀念文明社会吗?"

我再次指向那座小山:"看。"

索尼娅斜眼看了我一眼,想确定自己是不是听懂了我的话,然后抬头望着我们头顶上隐约可见的圆形巨物。她眨了眨眼睛,揉掉眼中的雨水:"它怎么了?"

"它已经在那儿几百万年了。"

"当然了。不然还能在哪儿?"

"它给了我……我也不知道,可能是一种视角吧。你看到它的时候没有任何感觉吗?"

"没有,"她说,似乎从固执己见中获得了些许乐趣,"就是座小山而已。"

晚上,万籁俱寂,没有光污染,可以看到流星。站在屋后的小山上,我能看见一根根光条消失在天空中。一轮满月会让大地变成一幅梦中才有的图画。在山谷的另一边,一座古老的维多利亚时期的高架桥犹如用银和玻璃制成的精美装饰品。星座闪亮,异常清晰。这些可真奇怪。我离开伦敦是为了寻找一些"真实"的东西,但生活感觉越来越不真实了。也许我的妻子也有同感。即便如此,她什么也没说。我们常常并肩一坐几个小时,看着煤块上摇曳的火焰,一言不发。我们两个都没有勇气去问这个显而易见的问题:我们的生活将何去何从?

季节变了。羊群出现了,空气中充满了胆怯的、抱怨般的叫声。"看!"我叫着,把儿子从婴儿车上抱起来,指着羊群。他以怀疑和冷漠的态度观察着它们滑稽的动作。

我沉浸在记录民间传说的书中,并对当地的神话和传说十分着迷。很多故事讲述的都是命中注定的爱情,但大多数都与超自然现象有关：尖叫的头骨、变成石头的女巫、显现的神灵。我就这个话题写了一篇适合电台广播的简短访谈，寄给了英国广播公司。几个星期后，我家的门垫上躺着一封信，里面有一张 20 英镑的支票。这是第一次有人为我写的东西付钱，让我欣喜若狂。

一天，索尼娅突然宣布说："瑞秋遇到了一个男人。"

"他叫什么名字？"

"卢克，是个美国人。"

在这种情况下，这似乎是不可能的。

"一个美国人？在这里？她在哪儿遇到他的？"

"在金斯阿姆外面。"

金斯阿姆是附近有商业街的镇子上的一家旅馆，坐落在村庄以西 20 千米的地方。当时瑞秋正在街上购物，有一个男人向她走来。是他挑起了话题，于是两人聊了大约半小时。聊完后，瑞秋邀请他共进晚餐。

我们有段时间没见到瑞秋了，但我们会定期从索尼娅处得到消息。

"他好像是个牧师。"索尼娅的外甥肖恩坐在她腿上淌着口水，她用手帕擦了擦他的嘴和下巴，"他和其他人一起来的。他们是同一个小组的成员，好像要组织聚会之类的。妈妈和爸爸当然很感兴趣，他们都开始一起祈祷了。"

"我觉得瑞秋不太信教。"

索尼娅扬起眉毛："她确实不怎么虔诚。好吧，是没那么虔诚。"

"沃伦怎么想？"

"他不在乎。他去找朋友玩了。"

"你怎么看？"

索尼娅的眼神流露出不言而喻的担忧：这不是显而易见的嘛！她叹了口气，又擦了擦外甥的嘴。

在接下来的一周里，我在望向窗外时经常看到瑞秋和一个高个子男人手挽着手穿过村庄，往她父母家走去。有时，他们会和一群穿着随意的人一起走，包括一个身材苗条、淡金色长发的女人和两个男人。他们保持着某种似乎用来表示社交尊重的距离，跟在卢克和瑞秋后面，和蔼地微笑着。

亨利开着他的敞篷车来了，带着索尼娅离开了几天。她受够了被迫带孩子这项本不属于她的任务，需要休息一下。

我妻子终于在酒吧里找到了固定工作。在酒吧开门前，我会开车送她去镇上，然后整晚大部分时间都独自盯着炉火。

敲门声传来时，我和妻子正坐在厨房的桌旁。是瑞秋——她把卢克带来了。

"请进。"我说。

卢克进来时不得不低下头，以免撞上门框。他30岁出头，穿着蓝色格子衬衫、牛仔裤和运动鞋。他的胡子刮得很干净，但头发已经长到盖住耳朵和衣领了。

瑞秋和卢克坐在了沙发上。我们给他们端来茶。他们接过茶后，我们闲聊了一会儿。卢克来自佐治亚州，但他说话没有美国南方人那种慢吞吞的拖腔。事实上，他说话时富有激情，手势幅度也很大。瑞秋没有说太多，似乎很满意让卢克主导整场谈话的状态。她异常沉默的样子就像回到了青涩的少女时代。她会咯咯轻笑，抚摸卢克的大腿，时不时地把头靠在他的肩膀上，发出情意绵绵的叹息声。我注意到卢克的手——他的指关节很粗——以及他在强调要点时紧握的拳头。

"所以你为什么会到这样一个地方来？"我问。

他说："为了服务上帝。"

"我知道，可为什么在这儿呢？"

卢克身体前倾，斩钉截铁地说："我向耶稣敞开心扉，得到了他慈爱的指示。是他给了我方向。他总能指引我。"

卢克在说什么？他直接从上帝那里得到指示？上帝告诉他要去一个破败的、平平无奇的英国小镇执行任务？

瑞秋察觉到了我的不适。她坐起来，微笑着说："听着，我们有一个特别让人兴奋的消息。"

"哦？"

卢克和瑞秋对视了一下，然后笑了起来。先前的紧张气氛消散了。"我们要结婚了。等我的离婚手续办完，我们就结婚。"

"恭喜你。"我说，竭力掩饰自己的惊讶。

瑞秋抓住卢克的手，紧紧地握了一下。他们笑得合不拢嘴。

"我敢肯定，你俩在一起会非常幸福。"我妻子说，她同样不怎么相信这点。我能听出她声音中的紧张。

第六章　走入歧途的美国传教士

"卢克完成他在这里的任务后，"瑞秋继续说，"我们就会去美国生活。卢克的父母有一个牧场。你能想象这对孩子来说有多棒吗？"

"我觉得很幸福，"卢克说，"真正的幸福。"他手指并拢，我能看出他出自本能想带领我们一起做感恩祈祷。但他克制了一下，只是简单地说，"我真幸运。"

第二天，索尼娅回来了，晚上来找我。

我一开门，她就说："你听说了吗？"

"听说了。"我回答说。

"太疯狂了吧？"

"你跟你父母说过了吗？"

"他们有点儿担心，但他们是教徒，而且上帝做事自有他的道理，对吧？天啊，我还以为是我没事找事呢。"她觉得姐姐的突然皈依是一件很可疑的事。

"瑞秋一定很爱他。"

"她说他们是一见钟情。她说，她感觉自己像换了一个人，但她以前也这样过。她让自己相信自己恋爱了，然后就跟人家走了。"索尼娅发现我们之间的交流提升了一个境界，"这么想对她来说可太简单了。"

"你有没有对她说过你的想法？"

"说过。"

"她是怎么回答的？"

"她说：'那你和亨利不也一样？'"索尼娅苦笑了一下，"我认识亨利都3年了，瑞秋才认识卢克5个礼拜。如果我被亨利甩了——我接受这种可能——那我至少也是被一个知根知底的男人甩的。"她在烟灰缸上轻轻弹了一下烟，又吸了一口。橙色的火光变亮了，然后她愤愤地嘟起嘴，吐出一缕细细的烟。

"你和卢克相处的时间长吗？"我问。

"不太长。他一过来，我就躲开了。我会带着孩子们出去，或者上楼抽烟。"

"他这个人非常……"她的眉毛微微上扬，"……古怪？"

我不想对他评头论足："忠于自己的信仰是没错。"

"可是上帝为什么要他来这儿传教呢？去非洲之类的地方不是更有意义吗？"

"我想，是因为上帝做事自有他的道理吧。"

在表达了对姐姐的更多担忧之后，索尼娅开始回想她刚和亨利度过的周末。他带她去了一家酒店——一座曾经富丽堂皇的大宅——那里配有庭院和水疗中心。她在那里度过了一段美好的时光，但回到村里后又感到孤独，何况还要给姐姐看孩子。眼看她就要落泪，我从厨房的餐巾纸上撕下了一张纸递给她。

"谢谢，"她轻轻擦了擦眼睛，"你应该去做个心理医生。"

离开时，索尼娅在门口停了一下，问我妻子怎么样了。

"她很好。"

"工作顺利吗？"

"我觉得她喜欢这份工作。"

索尼娅低头看了看手表:"她什么时候回来?"

"晚着呢。"

她点了点头:"谢谢你愿意听我说话。"她打量着远处的农舍。那里的窗户漆黑,没有灯光。她叹了口气,然后匆匆走进了夜色中。

夏天到了。从村子出来,可以沿着一条藏在隐蔽的山谷里的小路走。我曾经沿着这条路走了几千米,都不见任何人影。我会路过一个新石器时代留下的遗址,爬过散落着燧石和骨头的山坡,一直走到一座用黑色和红色石头建造的桥边。因为这座桥太过古老,大部分桥体已经沉入河里了。

自从离开伦敦以来,这种与世隔绝的感觉越来越强烈,现在还伴随着短暂的不安。我不知道这样的生活还能持续多久。总会发生某些事——现实肯定会追上我,要求我参与这个世界吧。

我和妻子在镇上闲逛,沿着人行道推着我儿子的婴儿车。这时,我们碰巧遇见了卢克。他和他的三位同事在一起。他向我们介绍了那个我在村子里见过的金发女人,她叫安布尔。另外两个年轻人我也隐约觉得面熟。"约书亚和内特。"卢克说。他们都是美国人。在被卢克介绍过后,安布尔、约书亚和内特稍稍退开,我和妻子继续与卢克礼貌而简单地寒暄着。奇怪的是,这三个人并没有交谈,只是默默站在一边,僵硬地保持着一模一样的微笑。

我和妻子与卢克道别,继续往前走。当我们走出他们的听力范围后,我妻子说:"这几个人怎么好像他的门徒一样。"

"是的,"我表示同意,"确实。"

把儿子放进婴儿床后,我在黑暗中等待他的呼吸节奏变得均匀。在确定他睡着之后,我走下楼梯,和妻子坐在客厅里。她在看书,只有书页翻动的沙沙声打破了这一成不变的寂静。或许是出于某种隐约意识到的需求,我打开收音机,试图转移对某些令人不安的想法的关注。收音机的接收效果很差,钢琴演奏的音乐——可能是肖邦的《夜曲》——与一波又一波干扰和模模糊糊的外语播报混在一起。我拨着旋钮,希望信号能好点儿,但毫无作用。

突然间,门口传来疯狂的敲门声。那声音太大了,把我和妻子都吓了一跳。来人继续摇着门,短促而混乱。以往从来没有人在这个时间来找过我们。

我妻子说:"会是谁呢?"

我指着天花板,不满地说:"他们会把他吵醒的。"

我从座位上一跃而起,冲进狭窄的门厅。"来了!"我叫着,转动钥匙。门闩咔嗒一声开了,我拉开门把手。

索尼娅站在外面。恐惧令她两眼放光,无法呼吸。"请帮帮我。"她说。她的妆花了,嘴唇在颤抖。"请帮帮我。"她被吓得只能说出这句话。

"发生了什么?"我问。

"是卢克。"她哀号着,就像一个快哭出来的孩子,"他要杀了我们。他要把我们献祭给上帝。求你了，你得帮帮我。"

我看了看妻子："锁好门。"她点了点头。我等待着门闩插好的声音，然后确认了一下门是否关好。"走吧。"

索尼娅一边走着，一边低着头紧张地回头张望。我跟在她后面："他现在在哪儿？"

"我不知道。他想把门撞开——他已经彻底疯了。"

我们走在一条与大路平行的小路上，因为这条路比较隐蔽。我能尝到恐惧的味道——是我的唾液里的血腥味。我记得我当时在想：这不可能。这种事在现实生活中是不会发生的。世界依然坚不可摧。我不停地朝前走着，却并不是因为勇气，而是出于一种社交焦虑。如果我转身回家，我的懦弱会导致两个妇女、一个儿童和一个婴儿死亡。用英国人典型的思维看，那将让我在社会中陷入一种极为可怕的境地。

把妻儿留在家中孤立无援这件事其实让我感到很心虚。如果卢克改变主意，决定拿我的妻儿开刀呢？这让我意识到，回头并不是完全没有道理的。然而，卢克回到瑞秋家的可能性更大，所以我尽管非常不情愿，依然一步一步地向前走着。

排列在路边的农舍里没有光亮。这些房子里住的大多是退休的夫妇和农民，他们都习惯了早睡。我依然期望着能从窗帘缝里看到几缕光线，但整个村庄看起来就像已经被废弃了一样。

我们走到小路的尽头后，索尼娅犹豫了一下，才向空地走去。她从一堵墙边向外看了看，又立刻退了回来。"他在那儿，"她低声说，"该死，他在那儿。"她开始抽泣，捂着嘴掩盖哭声。

我跟她换了位置。当我看到他的时候，我很难相信自己所看到的场景。我一直都很喜欢看恐怖片，而现在，我显然已经身处一部恐怖片之中。这个场景简直完美无缺，是恐怖片中常见的桥段。我再一次想到：这不可能是真的。这几乎是对恐怖片的拙劣模仿。

一团薄雾从山上翻滚而来，弥散在村庄里。在路的尽头，两根柱子之间挂着一只灯泡。灯泡发出的朦胧的光笼罩着一个高大的身影。卢克的头向后仰着，看起来在和天空说话。他双臂抬起，始终保持水平，就像十字架上的基督一样。慢慢地，他向上伸出手去，手指变得像爪子一样。然后，他向前走去，步态像B级片里的怪兽一样笨拙。

"我们得离开这里。"我抓住索尼娅的手，对她说，"我们不能待在这儿。"

道路上没有遮蔽物，但特别黑暗。我们逃离时，卢克似乎并没有注意到我们。我回头看了一眼，发现他缓慢地前进着，仍然高举双臂。从发光的雾气中走出来时，他看上去特别像个食尸鬼。

到了瑞秋家，索尼娅按下门铃。门上所有的玻璃都被打碎了。一些尖端和边缘都染上红色的碎片还嵌在木框中。有一些属于人的皮肤和组织还残留在最尖锐的玻璃上。前门台阶上溅满了血迹，门框上也留着深红色的斑痕。我开始觉得有点儿恶心了。

索尼娅凝视着渐渐远去的黑暗。已经看不见街灯了，但天边出现了微弱的曙光。她又按了一下门铃。"快开门啊!"然后她隔着碎玻璃喊道:"瑞秋,是我,开门啊!"

瑞秋跑到门厅,冲向我们。她拿出钥匙开了门,等我们进去后又把门锁上了。

我在起居室里发现了萨宾娜。那孩子站着,一动不动。她的瞳孔放大了,虹膜变成了两个又黑又亮的圆。我跟她打招呼,她也没有回应。肖恩靠在一堆垫子上哭个不停。

瑞秋用胳膊搂住萨宾娜,把她拉近,然后对我说:"谢谢你。真的很抱歉。我们不知道该怎么办。"她深吸了一口气,努力想解释清楚,"这太可怕了,我这辈子都没这么害怕过。"

"门上的血是他的?"

瑞秋点了点头:"他在这儿待了几个小时。当时我们只是聊着天,就像我们平常那样,但他不太对劲。他说话已经语无伦次了,而且不断停下来祷告。然后他说,也许我们不用等到结婚,等到在一起,还有另一种方式可以让萨宾娜和肖恩在天堂与我们团聚。"瑞秋抚摸着萨宾娜的头发,哭了起来,"我非常害怕,让他离开,但他不肯走。他开始发火了。他告诉我,我不应该有任何怀疑,怀疑是不对的。我应该坚强,应该信任他。我说我需要自己待几分钟考虑一下,然后让他出去。他听到我锁门的时候就疯了。太可怕了,他想把门撞开。他只想闯进来。"

卢克最终放弃撞门,走开了。他应该是去和上帝沟通,等待接收指示了。

"沃伦呢？"

"和我爸爸在一起。他们今晚出去了。"

他们去参加邻村举办的一场大型社交活动了。这也是这么多房子里都没有开灯的原因之一。

我不知道她们要我做什么。如果卢克能把门撞开，我也许能拖住他，给瑞秋和索尼娅争取一点儿时间，但可能只有几秒钟，尤其是当上帝建议卢克找把斧子的情况下。

"哦，天哪，"瑞秋说，"我做了什么？"她内疚地看了儿子一眼。

我口干舌燥，双腿发抖。我感到绝望和力不从心。这时我已经非常焦虑了，脑子一片空白。我正处于一种麻木到无所谓的状态。我的大脑好像停止了运转。

然后，突然间，所有人都尖叫起来。肖恩也开始号啕大哭。

瑞秋、索尼娅和萨宾娜都朝同一个方向看去。一个苍白的椭圆形面孔浮现在窗边的黑暗中。我又一次尝到了恐惧的味道——我的喉咙里好像有种毒在发作。外面的人把脸压在了玻璃上，于是面部特征清晰起来。我听到瑞秋大叫道："不，没事的，没事的——是沃伦。"

索尼娅把手放在胸口，说："我真的受够了。"

瑞秋向弟弟打了个手势，走过去打开门。我听到了比尔的声音："天哪，这是怎么回事？"

"你看到卢克了吗？"瑞秋问。

"我们开车经过他来着。"

第六章　走入歧途的美国传教士

当比尔和沃伦走进房间，我这才如释重负。每个人都在说话，但我什么也听不到。在这种情况下，我不需要再担负重责了。我只想回家。

有一辆车停在外面的路上。几个年轻人正在查看血迹和碎玻璃。我猜他们是沃伦的朋友。我刚走了几步，就突然停住了。卢克站在花园门口。当他走过来的时候，我感觉到每个人的惧意——大家都在后退。我们在花园小径的中间相遇了。

"你好啊，卢克。"

他低头看着我。看表情，他认出了我，但他显得心不在焉。他的头向后摇晃着，他向上凝视着最高处的星星。他开始低声嘟囔，语速很快。一开始我听到的只是一阵嘘声，但当我仔细听，他加快的话就变得可以理解了："天父，天父，天父——你的房子有许多房间，你的地方有许多房子。你没有告诉过我们吗？天父啊，求你用爱接纳我们吧。因为这一天即将来临，赐予我们这一天吧……这特别的一天……因为我们向往你的王国，你的力量，你的荣耀。把我们从邪恶中解救出来吧。当然，当然，天父承受了我们的悲伤，带走了我们的痛苦。"

他的衬衫袖子已经破了，因为血迹斑斑而发黑，前臂上布满了深深的伤口。我看不清到底是什么——一块肌肉还是一根动脉——从一条长长的、裸露的伤口中凸出。

"……净化我们的一切不义。我将永远是你忠实的见证人，阿门。谢谢你，天父……谢谢你，谢谢你。"

"卢克，"我说，"也许你该坐下。你流了很多血。"

在门厅泻出来的灯光中,他转动着双臂。他的双手全红了。"这些记号,"他严肃而自信地说,"可以让你认出我。"

"不管怎么说,你可真别再走了。"

他的反应让我很吃惊。他跪到了地上。

"也许你也应该把胳膊举高。"我建议道,"你还在流血。"他再次完全按照我的要求做了,"卢克,你现在感觉怎么样?"

"很好,"他说,"很好。信仰上帝,他就会将你的心中所求赐给你。"

有那么几秒钟,他的牙齿咯咯作响。

"你觉得冷吗?"

"不……我不冷。"

我希望有人趁我和他说话的时候报警。

卢克继续喃喃自语着圣经和祈祷文的片段。但他偶尔也会陷入沉默,用好奇、探究的神情看着我。这让我很不舒服。但如果我问他一个他关心的问题,他很快又开始滔滔不绝地说起来,然后对着天空说话。在慢慢结束另一段混乱的祈祷后,他的头歪向一边,眼中充满了好奇。我还没来得及开口,他就说:"那么,跟我讲讲吧。"他的声音听起来很正常,像想要交谈的样子了,"因为我一直在想……你的妻子听话吗?"

"我们现在没在谈这个。"

"没有吗?"

"没有。这不是我想谈的话题。"

"为什么?"他的话让我耸耸肩。"真是这样吗?"他的声音现在变成了牧师的腔调,变得真诚而充满同理心。"你实话实说,真没关系吗?你的家不由你做主也没关系吗?像这种事都没关系吗?"

"我想应该没关系吧。"

他考虑了一下我的回答,点了点头。过了几秒钟,他非常平静地说:"我知道你是谁。"

我弯下身来,好听清楚他的话:"你说什么?"

我们的脸靠得很近。我注意到他开始笑了。他的嘴角向上翘起,但他的眼睛仍然眯着,充满怀疑。他朝我扑过来,喊道:"去你的——撒旦!"

我吓得往后一跳,他的手在空中挥过,没抓到我。他又尝试了几下,但渐渐失去了攻击力。他跪坐下来,低下了头。"天父啊,"他低语道,"谢谢你。"

雾中闪烁着蓝光。一辆警车来了,两名警察跳下车。我听到了他们对讲机的几下噼啪声。"我只是他们的邻居,"我指着房子说,"他们一家都在里面。"我远远绕开卢克,匆匆沿路离开。

回到我自己的小屋时,我停了下来,打量着眼前的景象。悬挂在两根电线杆之间的灯光闪烁不定。我想到了我身后的山丘,它那已经看不到的庞大黑影,还有那被远古时代的祭祀鲜血浸染的大地。

我听见妻子问:"谁呀?"

"是我。"

她打开门。我走进厨房,立刻瘫倒在椅子上,身心俱疲。

"出了什么事?"我妻子问。

"你能帮我沏杯茶吗?"我问道。我只有这一次希望我的妻子能"听话"。

严重的崩溃是带来巨大压力的生活事件叠加到心理脆弱性上的结果。具体情况因人而异。其影响可能是心理或生理上的,也可能是同时的。卢克很有可能患有精神疾病。他选择把他的门徒带到一个鲜为人知的英国小镇的举动,让人不由得对他之前的精神健康状况产生严重的怀疑。这个死气沉沉的地方不是蛾摩拉城[①],住在这里的普通人显然也不需要精神上的救赎。

卢克的任务是多此一举的,而在地点选择方面的随机性令人惊讶。他高度沉迷于被上帝拯救的想法。虽然他只表示基督"会给他指引",但这清楚地表明,早在他离开美国之前,他就已经开始"和基督对话"了。幻听并不一定预示着严重的精神疾病。有些人能够正确认识到这是一种心理现象,不会让它影响正常生活。然而,如果有人认为这些声音来自上帝,他们通常是会产生幻觉的。

宗教体验和精神疾病之间有时是有重合之处的。一方面,如果你是一个虔诚的基督徒,有一天,基督让你到另一个国家去执行他的命令,你有什么理由不去呢?如果他还让你以他的

---

① 在《圣经》记载中被上帝毁灭的罪恶之城。——编者注

名义杀人，你有什么理由不遵从呢？《圣经》中记载了不少人物打着神谕旗号做出的暴力行径。人怎么可能区分"真的来自上帝的声音"和幻听呢？尤其当你是一个信徒时，你很可能无法做到这一点。另一方面，如果像弗洛伊德所认为的那样，所有的宗教都可以被理解为对严酷现实的一种幼稚的防御，那么问题便不复存在了。只要你觉得上帝在对你说话，那么这必然是一种幻听，因为在他看来，上帝并不存在。

如果患者有根深蒂固的宗教信仰，我在与之交谈时总是会格外小心，特别是当他们还有着与我不同的文化传统时。在一种文化中被认为是正常的事情，在另一种文化中可能会被错误地归类为异常之举。我曾经在一家心理健康慈善机构的咨询中心工作。当时，我被要求给一个英语不太好的印度裔中年妇女进行心理评估。她提供的信息似乎是，她能听到一些印度教神祇——湿婆神和猴神哈奴曼的声音。我和她在一起待了几个小时，小心翼翼地不去提有诱导性的问题，并尽力向她解释她幻听的本质。我很小心地避免在言语间表现出西方的世俗偏见，但在面谈结束时，我还是无法对她的情况做出判断。因此，我和她的丈夫谈了谈——他也是印度裔和印度教徒。我解释说，我不想因为文化差异犯任何错误。"这事不是很明显吗？"他不耐烦地说，"她就是疯了。"

那些之前没有表现出任何精神疾病相关风险的人也可能因为坠入爱河而变得精神状态不稳定。最脚踏实地、头脑清醒和理性当先的人也会因为感情而出现问题。已经出现妄想和幻觉倾向的卢克，其实只是无法处理强烈的爱罢了。恋爱这个生命中的重大事件与他的脆弱性叠加，导致了他的崩溃。

卢克是福音派基督徒，不赞成婚前性行为，从道德层面出发，推崇尽可能地推迟性行为。瑞秋已经对奥地利籍丈夫提起了离婚诉讼，但对方很有可能不合作，让这个过程迟迟得不到推进。我猜测卢克没有多少恋爱经历。对感情中的大起大落、向往与渴望，对那些不眠之夜，他毫无准备。最重要的是，他还没有准备好迎接欲望——躁动不安的冲动，也就是性欲的到来。

威廉·赖希（Wilhelm Reich）也许是精神病学史上非常引人注目的人物之一。他相信精神疾病是由各种形式的性挫折，如性能量的释放受阻或不足，或是性高潮不能令人满意引起的。这一观点与弗洛伊德"身体内性欲的积累会导致焦虑"的早期观点有很多相似之处。弗洛伊德假设，存在一种类似葡萄酒变成醋的过程的潜在生物学机制。在随后的几十年里，当他对精神疾病的理解更加完善后，他便放弃了这个观点。然而，赖希仍然坚信弗洛伊德最初的假设，并开始相信未释放的性能量也会导致身体上的问题。一个患有呼吸性抽搐的老年妇女来看病时，他让她试试自慰的方法，随后抽搐就消失了。

赖希是一位非常超前的思想家，因为他提出的方法建立在身心相互影响的理念的基础上。例如，他认识到，心理防御有时会有身体上的表现。我们在压抑情绪时，身体会变得紧张。这就好像我们的肌肉变硬了，变成了某种盔甲一样。这一观察结果促使他开发出包括按摩在内的创新疗法。他发现,按摩身体可以让被抑制和阻塞的能量得到释放。这些创新并没有受到大多数精神分析学家的欢迎,因为对他们来说,触碰患者是不能越过的红线。

身为犹太人的赖希在1939年选择离开欧洲,前往美国,以躲避纳粹的迫害。

赖希发明的被统称为"植物疗法"的干预方法并没有得到广泛的接受。这在很大程度上是因为他的想法变得越来越古怪,完全失去了科学上的可信度。他将性欲重新定义为一种源自宇宙的生命力,并声称它可以通过"蓄积器"来收集,并用来治疗癌症。他建造了巨大的能量炮,瞄准天空,以求降雨。他还打算用这些大炮来摧毁不明飞行物,保护地球免受外星人入侵。在他生命的最后几年,他引起了美国当局的注意。他的收藏被销毁,书籍和日记被烧毁。1957年,他死在狱中。

赖希会认为卢克的崩溃完全是因为性挫折,我并不同意这点,但我认为性挫折是一个重要因素。卢克陷入了与自我的斗争。他认为婚前性行为是不得体的,而这一刻板信念妨碍了他满足自己发自本能的需求。对他来说,性挫折无法忍受,但另一种选择的结果——罪恶感同样无法忍受。这种需要个体在两种惩罚结果之间做出选择的困境被称为"双重束缚"(double bind)。在20世纪60—70年代,许多精神科医生和心理治疗师相信,双重束缚(通常由家庭内部沟通失效引发)是精神分裂症的罪魁祸首。卢克该怎么办呢?解决困境的办法就是求助于上帝。他与瑞秋将在天国结合。我怀疑卢克脑海中"上帝的声音"是赞同这一做法的。性不过是对灵魂结合这一伟大而浪漫的理想状态的苍白模仿,而这种理想只有通过摆脱肉体的限制才能达到。

如果瑞秋没能把卢克关在门外,事情的结局可能大不相同。他可能锁上门,从厨房抽屉里拿出刀,把瑞秋、萨宾娜和肖恩都杀死。他可能也会杀了索尼娅。在把他们都送到天堂之后,他当然也会随他们而去。爱情会产生无法预料的后果。我们永远不能小看它。

卢克被送进了医院,我再也没有见过他。人们联系了他的父母。卢克恢复到可以出行的程度后,他的父母把他带回了家。他那些失去了目标和方向的门徒也回到了美国。

自从来到这个村子后,我一直被不安感所困扰,十分痛苦。我认为这是我沉迷于本地民间传说的缘故。我读了太多关于闹鬼的废墟和被恶魔控制的旅行者的故事。我花了太长时间一个人待着了。现在,我感到如释重负。疖子被切开,毒被抽出来了。不好的事情已经发生过了。

但我错了。不好的事情还没有发生。

几天过去后,我妻子告诉我,她想离婚。

弗洛伊德曾经提出一个著名的问题:"女人想要什么?"他觉得自己对女性心理的理解还不够充分。30年来,他一直在研究"女性的灵魂",但他感到困惑。"女性的灵魂"一词经常出现在各类书籍中,但这些书大多是男作者写的。我想我们从这件事中获得了安慰。如果连弗洛伊德都不知道女人想要什么，其他人又怎么会知道呢？当然，在现实中，弗洛伊德的无知并不能让其他任何人免责。

生活并不会井然有序地进行。生活的稳定期会被导致变化的关键事件打断。在比较神话领域写过大量文章的学者约瑟夫·坎贝尔（Joseph Campbell）指出，大多数故事都会遇到一个临界点。这时，危机或错误会改变主人公的生活方向。这些关键事件和转折点通常体现为进入一片黑暗的森林并遇见某个人——有时是会魔法的，有时是邪恶和危险的。这个人实际上预示着改变。"熟悉的生活视野已经过时；旧有的概念、理想和情感模式不再适用于当下；跨过线的时刻就在眼前。"坎贝尔表示，这场危机同样是一次"冒险的召唤"。

民间传说和神话的象征意义中蕴含着巨大的智慧。实际上，可以说，心理治疗领域的许多发现算不上发现，而不过是对传统故事中深藏已久的深刻道理的转写罢了。我已经走进了婚姻失败的黑暗森林，迷了路，遇到了以一个精神失常的美国传教士为表现形式的改变的契机。当时，我的生活似乎完全崩溃了。我郁郁寡欢，迷茫无措，对即将到来的法律纠纷与情感撕扯都缺乏准备。我的健康变得很差。卢克还在我的梦里蹒跚而行，从弥漫的迷雾中冒出来，浑身沾满鲜血——仿佛一种毒蛇环伺的恶意。

但危机也是一种催化剂。它促使我们前进，将我们打碎重组，这样我们就能被重新塑造，变成不一样的自己。改变的预示并不会随机出现在故事的任何一个时间点上。只有当"旧有的情感模式不再适用于当下"时,它才会出现。如果那时我熟悉约瑟夫·坎贝尔,我可能会在我阅读的那些民间故事中找到慰藉,而不是对超自然的恐惧。

两个月后,我坐在教室里,拿着笔,膝盖上放着一本笔记本,开始如饥似渴地学习人类心理与人际关系的知识。

第七章

危险的"丝袜游戏"

B 医生和 O 小姐的警示

卡珊德拉的服装搭配总是一成不变：T恤、黑色紧身牛仔裤和运动鞋。她很少化妆，即便化也只是化淡妆——眼睛周围一层淡彩，薄薄的嘴唇上一点儿微弱的光泽。她四肢柔韧灵活，举止随性优雅，经常单脚踩住座位边缘抱膝而坐。她棕色的头发又长又直，总会垂下来遮住眼睛，于是她会飞快地一摇头，让刘海分开。进入咨询室时，她会缩起肩膀，让浅黄色的雨衣滑落到地板上。这通常要借助一本卷起来塞在雨衣口袋里的平装书沉甸甸的重量。

16岁时，卡珊德拉患上了饮食失调症。病症虽然在一年后得到缓解，但她从那以后却出现了间歇性的轻度抑郁。她现在已经20多岁，在我这里接受一段结构化的短期心理治疗。每隔两周，我都会回顾她的情绪和思想日记，查看她的活动安排，并给她设定新的目标。卡珊德拉喜欢这种系统性（也可以说有些刻板）的方式。她在学校里接受过探索性的、非指导性的心理咨询，但她觉得这种方法太模糊了，对她帮助不大。

那是一个炎热的夏天,我打开了窗户。微风稍稍缓解了闷热,但路上传来的声音太吵了。堵车让司机们只能靠发动引擎、按响喇叭来缓解郁闷。

"有件事情我已经想了好久了,"卡珊德拉说着,偶尔被吹起的窗帘吸引了注意力,"但我还没有在日记里写过。"我一直在研究她记录自己的思想和情绪的笔记本。当我抬起头,她继续说:"我觉得这件事不太适合被写进去,甚至可能也不太重要。但现在它变得有点儿严重了。我还是得讲一下。"她抬起一条腿,抱住膝盖。"我交男朋友了。有一段时间了,到现在至少有几个月了。"

"你们在哪儿认识的?"

"在公园里。我当时在慢跑。我停下来,只想喘口气。这时有个坐在树下弹吉他的家伙跟我打了个招呼,我们就聊了起来。他是澳大利亚人,去过很多地方:南美、中国、不丹。我一直想去旅行。这是我的一个梦想,但我一直没攒够钱。"一辆汽车的喇叭声持续了几秒钟后,又有两辆车响了起来。"他很有趣,"卡珊德拉坚持说下去,"非常有趣。他开始唱歌,他自己写的歌。他真挺厉害的。"不知为何,她在强调这一点。"我是说,他水平真的很高。他曾经在悉尼演出。"她吞咽了一下,补充说,"他叫丹。"

丹的即兴音乐会结束后,他们去喝了咖啡。丹邀请卡珊德拉去他的公寓。那天晚些时候,他们上床了。

"和他在一起真的很轻松。我很少遇见像他这样的人,从大学毕业后就没有了。我们整晚不睡，谈论音乐、哲学和艺术，"她用一种夸张的、慢条斯理的语气说，"还有生命的意义……有时候我们会讨论得很激烈，但我觉得这是好事。他让我想起我以前是多么喜欢这样的谈话。现在我的朋友们都对这样的话题不感兴趣了。他们只想谈购物、金钱和事业。"她放下腿，正常坐好。"他把我介绍给他的一个朋友艾米丽。她人很好，也是澳大利亚人。不管怎样，他说，我们到最后都过着枯燥、传统的生活，是因为我们都被洗脑了。如果我们能更开放地去体验生命，愿意尝试不同的生活方式，我们会比现在快乐得多。然后他问我愿不愿意——"她拉扯着T恤的下摆，"——嗯，加上艾米丽，我们三个人做爱。我想，为什么不呢？我的意思是，他说得对。我们总是拒绝新体验，因为我们都被洗脑了。然后他去问了艾米丽，这事就定了。艾米丽过来了。丹卷了几根大麻，不过我没有抽，大麻会让我的脑袋乱成一团。然后我们三个就上床了。上周我们又来了一次。"卡珊德拉指尖相触。"我不傻。我知道可能发生什么，但是艾米丽表现得太强势了。这两次，丹都只是退开一步，变成旁观者。问题是，我不是真的双性恋。我只是在陪他们玩，但我不是真想这么做。"

"你告诉他了吗？"

"是的。他说没事，没关系。但我知道他希望我们继续这么做。"

"也许你应该和艾米丽谈谈。"

卡珊德拉没有回应我的建议，开始陷入自己的思绪。当她开口时，我感觉她好像在沉默中完成了一个三段论。"我真的很喜欢他。"她的声音泄露了她内心情绪的滑坡——倾覆，挣扎，沉溺。

"你担心他会因为这个对你变心吗？"我问，"他会失去兴趣，你们的关系会结束？"

她的肯定回答几不可闻，微弱得如同一丝震动。她身体的紧绷感消失了，于是她无力地瘫倒在椅子上。她的双臂垂在身体两侧，手掌朝外。这样放纵的姿态有点儿像做爱后的样子。她看向我，目光里的傲慢充满挑衅的意味。"我喜欢他做爱的方式，他动作的方式。他从来都是不慌不忙的，"她的眼睛闭上又睁开，"很游刃有余。"她虔诚地重复着，仿佛在念咒语。汽车喇叭发出刺耳、不协调的切分音。"我不想分手。不是现在。现在还不行。"

茜尔维30岁出头，几年来一直被一种不满情绪困扰着。她已经不知道自己想从生活中得到什么了。她感到没有方向，也没有动力。她的不满正慢慢演变成沮丧。"我觉得自己被困住了。"她说着，一边用手指摆出笼子的样子，让我想象里面有一只被囚禁的鸟。"我不知道这是怎么回事。我年轻的时候可不是这样的。"茜尔维经常做这种令人不快的比较——把现在的自己和过去的进行对比，"那时候我比现在有活力。"

18岁时，茜尔维在给一对名叫彼得和艾米的富有夫妇当保姆。这对夫妇有两个年幼的孩子。工作中的一项内容是去希腊。

这对夫妇在希腊的一个岛上有一座别墅。他们每年夏天都在那里度过。茜尔维很高兴能和他们一起去。

"那段经历太棒了，我很喜欢。彼得每天都会带我坐游艇出去。他会把船停在某个海湾里，我们就跳下去游泳。我们在一起的时间相当长，而且是独处——我觉得他引诱了我。我也没怎么抵抗。事实上，我真的很迷他。这件事变成一个寻常习惯以后，我开始觉得很内疚。我不想欺骗艾米。她一直对我很好，我们相处得也很好。我告诉彼得，我们现在这样不太好，他让我不必担心，说艾米不会介意的。他们其实已经达成一致了。几天后，艾米单独找我说，她知道发生了什么，对她来说这不是问题。我觉得这样的谈话挺奇怪的，但说实话，一切都感觉很奇怪。我过的好像已经不是正常的生活了，感觉就像活在梦里一样。"

炽热的阳光，闪亮的蓝色爱琴海，迷幻紫色调的天空，停泊的游艇，滚烫的沙滩，一个年轻的女人——她的身体化作一种抽象的光辉——还有一个年长的男人。

"彼得开始到我的房间来。他会敲门，我会让他进来。他从不会待到早上，总是会回到艾米身边。这种情况持续了一个星期左右。后来，有一天晚上，艾米也来了。他们从来没有问过我的意见——根本没打算讨论。显然，他们是计划好的。她出现时，彼得一点儿也不惊讶。我本该感到被操纵和利用了，但我没有。这件事太棒了，真的太棒了。我觉得自己充满了活力，"她抚摸着自己的锁骨，害羞地微笑着，"充满了人与人的联系。"她交叠双腿，让鞋跟自然地从脚跟脱落，悬在空中，等待着我的反应。

弗洛伊德建议心理治疗师以外科医生为榜样，抛开任何可能扰乱注意力或妨碍工作的情绪，但这说起来容易，做起来难。听着卡珊德拉和茜尔维的讲述，我不能说我完全没有受到她们的影响。她们的叙述在我脑海中形成了画面。我无法做到情绪上的无动于衷。

"沟通分析"（transactional analysis）理论的提出者、心理学家艾瑞克·伯恩（Eric Berne）总结了人们在社交场合玩的许多"游戏"。这些游戏——扎根于潜意识中的行为模式——也许看似无辜，但往往具有某些隐秘的动机。在"丝袜游戏"中，一名女子会在其他人面前抬起腿，说："天哪，我的袜子破了。"这种行为的目的主要是吸引关注和引起性兴奋。至少从这个例子看，伯恩的论调让人感觉有些倒退，仿佛回到了男性对女性的性行为感到不安和怀疑的时代。然而，无论男女，人类经常（有意或无意地）使用这种策略来提升自尊、行使权力或控制他人。

一位女同事告诉我，有一名身体强壮、肌肉发达的男性患者因为觉得妻子不再有吸引力而前来治疗。在谈话中，他经常提到自己阴茎很大。为了证明他的自夸不是信口开河，他开始穿着紧身运动服参加治疗。他最喜欢的姿势是叉开腿低低地坐在椅子上。

精神分析治疗的典型漫画化场景是，精神分析师坐在患者视线以外，专心地听躺在沙发上的患者说话。这种印象的产生要归功于19世纪晚期各种各样的"丝袜游戏"。弗洛伊德试着把他的椅子摆在很多位置，最后判断最安全的位置是沙发的一端。他的一些女患者行为轻佻，因此他希望尽量避嫌。他的朋友兼导师约瑟夫·布洛伊尔（Josef Breuer）曾低估来自患者的性影响的力量和后果，最后为此付出了沉重的代价。弗洛伊德不想犯同样的错误。

"精神分析并非始于弗洛伊德，而是始于布洛伊尔"是个颇受争议的说法。首先，布洛伊尔从未真正作为一名成熟的精神分析学家进行实践。其次，在布洛伊尔之前，许多精神病学家和神经学家都开展过类似的治疗实验。然而，布洛伊尔对名为"安娜·O"（Anna O）的年轻女性的治疗深刻地影响了弗洛伊德的思想，而布洛伊尔多年后写下的关于她的案例研究开创了精神分析文体的先河。

布洛伊尔是一位成功的全科医生和研究者。他在著名生理学家恩斯特·布吕克（Ernst Brücke）的实验室工作时认识了比自己小14岁的弗洛伊德。1882年11月18日，布洛伊尔向弗洛伊德讲述了他对伯莎·帕本海姆（Bertha Pappenheim）的治疗（伯莎是弗洛伊德朋友的未婚妻，注定要以"安娜·O"之名流传后世）。在大约18个月的时间里，伯莎表现出了一系列令人震惊的歇斯底里的症状和行为。这些症状包括头痛、听力丧失、咳嗽、斜视、视力受损、瘫痪、抽筋、清洁仪式、结核性消瘦

（厌食症）、恐水症、关节僵硬、失语、情绪起伏、烦躁、暴力倾向、混乱、麻木、只说外语和企图自杀。有时她会迅速后退，避开或撞在被移动过的家具上。她会陷入梦一般的状态，出现可怕的幻觉。布洛伊尔没能发现这些症状的生理原因。

每天晚上，伯莎都会进入一种恍惚的状态，嘟囔着一些没人能听懂的话。布洛伊尔发现，如果他重复她当天早些时候说过的话，或者有特殊含义的话，她的语言就会变得越来越连贯，直到听者能辨认出她在讲一个故事。她念叨的故事使布洛伊尔想起了安徒生笔下的童话。伯莎在讲完她的故事后，就变得平静、愉快且清醒了。她将这一过程称为"谈话疗法"——我们现在则用这个术语来统称各种形式的心理治疗。然而，这种方法的效果很短暂，她的病情在几天内不断恶化，直到她再次出现幻觉和恍惚状态下的喃喃自语。

布洛伊尔在治疗方面的重大突破包括催眠和记忆恢复。他能够确定，她的每一个症状都对应着她在照顾垂死的父亲时发生的一件已经被她遗忘的创伤性事件。例如，她的视力模糊和眯眼视物的习惯都是对哭泣的记忆造成的。有时，伯莎确实会重新体验她的创伤性经历——通过宣泄性的戏剧表演的方式释放情绪。

在布洛伊尔把伯莎的案例告诉弗洛伊德的几年后，弗洛伊德已经可以进行自己的治疗实践了。当时机成熟，两人合作完成了一部名为《歇斯底里症研究》（*Studies on Hysteria*）的重要著作，于1895年出版。书中最重要的案例的主角就是"安娜·O"——这是为掩盖伯莎的真实身份而取的化名。女权主义作者们对这个名字颇有研究。有人认为,正反阅读无差别的名字"安娜"代表分裂的女性心灵,O 代表疯癫的奥菲利亚[①]（Ophelia）,也可能是女性生殖器在古代的象征物。然而,真相可能没有那么令人兴奋：A 和 O 是"伯莎·帕本海姆"的首字母 B 和 P 在字母表中各向前移一位所得。在案例研究接近尾声的时候,布洛伊尔委婉地承认：他隐瞒了大量有趣的细节。这几乎只是漫不经心的一句。

什么细节？

伯莎 21 岁,漂亮、娇小——身高只有 1.5 米,有一头引人注目的黑发和一双蓝色的眼睛。她非常聪明,会说 5 种语言,擅长绘画、写作、弹钢琴,还酷爱读莎士比亚。对布洛伊尔来说,布洛伊尔太太一定变得越来越乏味,尤其是在听过伯莎的故事、欣赏完她的表演之后。尽管他的住处离帕本海姆家很近,但他主动出诊的次数也过于多了。18 个月来,他天天与伯莎见面。不用说,他们变得非常亲密。在很长一段时间里,他们都用英语交谈,让其他人无法参与。她坚持要触摸他,而他也同意了。伯莎的父亲去世后,是布洛伊尔平息了她的不安,让她安静地入睡。

布洛伊尔对伯莎的治疗于 1882 年 6 月正式结束。很多人认为紧接着发生的事情便是布洛伊尔选择隐瞒的"大量有趣的

[①] 莎士比亚戏剧《哈姆雷特》中的人物。她是哈姆雷特的恋人,最终精神失常,投水而死。——编者注

细节"之一。披露这些细节的文献来源的可靠性一再受到精神病史学家的质疑,然而,这些资料包括弗洛伊德的回忆录(由他的传记作家欧内斯特·琼斯撰写)和他的私人信件。我们从中了解到,当布洛伊尔被召回帕本海姆的住所时,他发现伯莎正在幻觉中经历分娩的剧烈痛苦。在写给作家斯蒂芬·茨威格(Stefan Zweig)的一封信中,弗洛伊德表示,伯莎大声喊道:"B医生的孩子要出生了!"这对布洛伊尔来说太难以接受了。他是一个受人尊敬、信赖且名声很好的全科医生。他催眠了伯莎,让她平静下来,然后逃跑了。据琼斯描述,他"出了一身冷汗"。随后,他带着妻子去威尼斯度了第二次蜜月,因为她已经开始嫉妒伯莎了,需要丈夫的关心。伯莎依然不时出现问题,于是布洛伊尔把她介绍给了一位同事。他希望"这位患者,对我来说一直很重要的人,能很快得到你的稳妥照顾"。

弗洛伊德相信,在歇斯底里症状的发展中,性相关的感受起到了关键性作用。考虑到已经发生的事情,布洛伊尔并不特别热衷于研究这个问题。于是,弗洛伊德对布洛伊尔感到失望,他们的友谊受到了影响,合作也因此结束。多年以后,弗洛伊德把布洛伊尔抛弃作为患者的伯莎·帕本海姆的行为描述为一种科学上的懦弱:他本应积极推进研究,却退缩了。当弗洛伊德慢慢建立起将在日后发展为精神分析学的理论体系,他开始十分重视患者对治疗师产生的性感受。他认为这些感觉应该得到讨论和解释,因为它们实际上是患者在童年时期与父母中异性一方相关的经历的转移。弗洛伊德将这种现象称为"移情"

（transference），并将其视为治疗过程的重要组成部分。相反的情况也可能发生。治疗师对患者产生性感受的情况被称为"反移情"。这种情况很棘手，也不具备治疗价值。

自弗洛伊德的时代以来，移情的概念不断扩展。在治疗中，对从先前的关系中转移出来的所有感情（暴怒、气愤、怀疑）的讨论都是有意义的。对移情效应的分析是一种将历史问题带入当下——也就是此时此地的方式，这样我们就更容易处理这些问题了。

度完第二次蜜月回来后，布洛伊尔下定决心，不再与患者过于深入地交往。他是个谦逊、没有野心的人。与弗洛伊德不同，他并不过于操心子嗣的问题，这也许是他允许他的年轻门生们发展他的思想的原因。布洛伊尔的慷慨资助使弗洛伊德走上了通往伟大的道路。

伯莎仍会出现歇斯底里的症状，但她后来的成就表明，她最终恢复了健康。她出版了一本儿童故事书，创作了一部剧本，成了一名社会工作者和改革者——我们现在所说的"女权主义活动家"。她翻译了玛丽·沃斯通克拉夫特（Mary Wollstonecraft）的《女权辩护》(*A Vindication of the Rights of Woman*)一书，还是"德国犹太妇女联盟"的创始人之一。她还曾赴苏联、波兰和罗马尼亚去营救针对犹太人的大屠杀的受害者的子女。

在19世纪晚期的维也纳，人们对一个来自犹太中产家庭的21岁女性的期望甚少，不过就是在缝纫、串珠、刺绣和音乐方面的一些小成就罢了。通常,这种乏味的生活会持续下去,直到她们走入被父母安排好的婚姻。到那时,对她们的期望会变成把丈夫的家收拾得井井有条。对像伯莎这样聪明的女性来说,生活一定枯燥得令人痛苦,而且在展望未来时,也看不到改变的希望。

20世纪20年代,超现实主义作家路易·阿拉贡(Louis Aragon)和安德烈·布勒东(André Breton)对歇斯底里症做了一次观察,展现了比同时代的医学界人士更高的理解水平。他们认为,歇斯底里不是一种疾病,而是一种反抗的行为和进行自我表达的方式。尽管伯莎有这么多症状,但也许她从未真正患病,至少患的不是医学意义上的疾病。也许她只是对生活感到厌倦和愤怒,并被性压抑所困扰。

她爱上的这个男人是不可替代的。她再也不会跟任何人这么亲密了。她让他剥开她的一层又一层存在——记忆、梦想、幻想——直到她的本质暴露出来。她在布洛伊尔面前毫无隐藏,就像其他此前从未有过这类经历的饱受压抑的女性一样。她让他"了解"了真正的她。不出所料,她终身未婚。在传统的资产阶级婚姻中,她能指望得到的也不过是对亲密关系的徒劳模仿罢了。

与性相关的自我剖白会导致性唤起和兴奋。在这种情况下,如果治疗师和患者碰巧认为彼此有吸引力,他们很可能会受到诱惑,成为情人。

这是社会伦理能接受的吗？

大多数人会本能地回答："不能。"

但这合乎逻辑吗？这是否取决于当事人的情况和特定的环境？当然，也有例外。

如果一个患者因为害怕蜘蛛这样无关紧要的问题去做心理治疗，可选的治疗方法是行为疗法——一种让患者逐步接受蜘蛛相关刺激的相对简单的暴露方法。几乎不需要任何自我剖白。假设治疗结束后，治疗师和患者开始约会。他们都是能够自主的成年人，也很相配——有共同的兴趣爱好，能让对方感到快乐。这种情况有什么问题吗？

确实，这种情况没什么问题，然而，这是一个完全建立在假设上的场景。这种情况有可能发生，但也有可能不会发生。只要一个思维实验能得出有利的结果，我们就可以用它来证明几乎任何行动的合理性，但不幸的是，现实世界是混乱、复杂和不可预测的。大多数患者的问题并不是简单、直接的。甚至当一个问题表面看很简单的时候，它的本质也可能另有玄机。放在更长的时间里来看，这个问题可能被证实是一个更大、更严重的问题的一部分。患者在治疗中分享了他们最私密的想法，展示了他们的缺陷和弱点，进行了坦白和忏悔，说了一些他们在其他任何情况下都不会说的话。他们袒露了自己的灵魂。他们之所以这么做，是因为咨询室是一个安全的地方。即使他们决定做出不合宜的行为，他们也知道治疗师会对此守口如瓶。咨询工作有限制和界限，意味着自制和尊重。患者会受到保护，无论潜在的伤害来自他人还是患者自身。

就算我试图对治疗师和患者的关系保持理性而不加评判的态度，我也仍然完全无法被抽象的思维实验和姑息纵容的观点说服。对我们这些生活在现实世界中的人来说，治疗师和患者发生性关系永远是错误的。这种行为永远是一种背叛，其本质是一种虐待。它最终导致一种"情感屠杀"的可能性如此之大，以至于我想不出任何理由来冒这样的风险。

然而，这种事还是会发生，也许因为人类的天性就是想得到不该得到的东西。被禁止的往往是最诱人的。

因其智慧和超凡、神秘的洞察力而受到尊敬的卡尔·古斯塔夫·荣格，很可能和第一个接受他精神分析治疗的患者发生过关系。威廉·赖希在接受关于早期精神分析的采访时表示："一些精神分析学家以生殖器检查为由，将手指插入患者的阴道。这种情况不少见。"

我记得在我还是个学生的时候，一位来访的临床医生让我印象深刻。他的讲座对我很有启发性。他提出了一种简洁而独特的模型，揭示了几种复杂的精神疾病的心理机制。几年后，他被这个行业除名了。他和一名患者上了床，搞砸了一切。

心理治疗师也是人：有缺陷，不完美，存在不确定性。他们有感觉，有偏好，对挑逗会有反应。当我的患者——一位30岁出头的迷人女性，持续以一种让我可以毫无限制地看到她的长袜和内衣的姿势坐着时，我的注意力是会被分散的。我需要努力和她保持眼神交流。一个勇敢的心理治疗师可能会把这种情况看作一次讨论她移情问题的机会,但她是因为恐惧症被推荐给我的,而我们此时针对恐惧症已经有了相当不错的进展。我只想把工作做好。我没有理会让我分心的内衣——这并不容易——而她也开始将膝盖并拢。我解决了她的问题,然后我们友好地告别了。我们如果结了婚,也许会很幸福,但这点永远也不会得到验证。

第八章

自恋的语言学家

折射回自身的欲望

我从旋转门进入了一个巨大的白色空间,里面有玻璃电梯和天花板高高的走廊。这种未来主义风格的室内设计让我想起小时候读过的科幻小说。此时,如果再有一台机器人发出嗡嗡声靠近,我的幻觉便可以被补充完整,但我能听到的只有电钻的鸣响和反复的锤击声。医院很新,空气中弥漫着新刷的油漆味。只有几个部门有工作人员,楼体的大部分是空的。

我决定探索一番。我发现了一个朴实的现代教堂,然后走进一些仿佛照搬自文具广告图片的办公室。有些椅子上还包着塑料膜。我走进一部电梯,按下按钮。当脚下的楼层逐渐下降,我感到一阵眩晕的兴奋。电梯发出悦耳的铃响,我到达了最高层。门滑开了,我沿着顶层走廊漫步,欣赏着悬挂在楼顶的五颜六色的横幅。

到达心理健康中心时,我的心情已经变了。我的兴奋感已经消失了一些。我习惯了在以前的精神病院周围漫步。我怀念过去。我无法在想象中让维多利亚时代的患者走进这样的建筑。

窗玻璃上不再有谁刻下的秘密信息，废弃的书桌里也不再能发现有趣的东西。

人们认为医院应该是一个缺乏人情味的地方，但实际上，每家医院都有自己独特的氛围。一家被遗忘的疯人院就像一丛摇曳的篝火，会鼓励人们讲述逸事怪谈，而一家私人精神病院（大多数看起来仿佛时髦旅馆）则充斥着小报上的八卦。当我坐在破旧的公共休息室或空荡荡的食堂里时，我常常感到自己正在一个离奇的故事中扮演一名路人甲。

我曾经在一位以热情、善良闻名的主任医师手下工作。他有一口悦耳的男中音，谈吐有教养，从医之前的专业是中世纪历史。他为人风趣，富有同情心，参加他的临床指导课程是一种享受。

然而，一位同事私下告诉我，这位主任还负责另一家医院的精神病房。那里的患者被绑起来，被一群虐待狂护士强制进食和虐待。"那里就像个刑讯室。"我的同事说着，点着一支香烟，吐出一团烟雾，"他在那儿干的事很可怕。"这位我非常尊敬的善良的顾问真的是一个活生生的化身博士[①]吗？如果不是因为在其他医院里亲眼见过同样奇怪的人物和状况，我会怀疑这个事例不是真实的——对我来说，它听起来仍像一个都市传说。

在我还很年轻的时候，一位我不太熟的精神病医生告诉我，

[①] 19世纪英国作家罗伯特·路易斯·史蒂文森（Robert Louis Stevenson）创作的长篇小说《化身博士》（*Strange Case of Jekyll and Hyde*）的主人公亨利·杰基尔博士。他为做实验而服下药物，变成邪恶的海德先生。"杰基尔和海德"从此成为心理学上双重人格的代称。——编者注

他的临床诊断都是在他的中国精神导师——一位出生于孔子时代的治疗师的启发下做出的。这个人显然疯了,这点却没有人注意到,让我感到十分震惊。

还有一次,我在跟随一位主任医师查房时,经他介绍认识了一个名叫威廉的30多岁的患者。在精神病发作之前,威廉一直是这名主任手下的副主任医师。这个不幸的年轻人被困在一个卡夫卡式的噩梦中,被关在他曾经管理过的病房紧锁的门后。他试图说服他以前的上司相信他是神志清醒的,应该获得自由。我还记得他那充满了牢骚的绝望恳求。这段回忆仍然让我感到一阵不可抗拒的、恐怖电影般的寒意。

这家新医院看起来不像是一个会遇到诡异事件的地方。它太现代化、太敞亮了。然而,正是在这个仿佛消毒后的无菌环境中,我遇到了一名患者。他的欲望无法以常理忖度,让我发现自己又一次进入了不由理智支配的迷离之境。

马克是一个十分挑剔的同性恋者,40岁出头。他出现了一些轻微的强迫症表现:怀疑自己是否执行过一些检查流程(如关掉厨房里的电器),以及过分要求对称和秩序。他的认知行为治疗很成功,几乎让他的问题行为消失了。他问我是否可以继续见面,因为他还有其他问题想要谈谈。

"你想谈什么?"

马克坐在镀铬的椅子架上摇晃着:"就是同性恋的事……"

"我不确定这是什么意思。"

"我也不确定。"

"你感到困惑吗?"

"不,也不算困惑吧。我只是……想更好地了解自己。"

马克是个学者。他和一个名叫克劳斯、比他年轻的男子关系稳定。克劳斯来自柏林,是一名职业歌手。他们一起住在马克从他叔叔那里继承的一所大房子里。

"我爱克劳斯,"马克说,"但不知为什么,我们的性生活一直不和谐。"

他们的做爱一般包括相互手淫。克劳斯想要插入式性爱,但马克对此几乎不感兴趣。

"我只是觉得,这并没有让我感到我应该感到的愉悦。"

"你为什么说'应该'?"

"因为别人很喜欢这样。"

"有的人喜欢,有的人不喜欢。"

马克松开领结,把衬衫领子扯开,让它不再贴着皮肤。"我觉得这成了一种义务,"他轻敲了一下椅子上的铬管,发出微弱的声响,"但事情不应该是这样的。我应该愿意为克劳斯做事,因为我爱他。我应该更积极地配合他。"

强迫症患者的一个共同特征是对污染的恐惧。虽然马克以前没有向我提过这种恐惧,但我认为,对清洁的过分在意可能是他避免性交的原因。有时候,患者因为觉得某些症状令他们感到尴尬,拖到很晚才会向医生透露,但事实证明,马克并没有对细菌、粪便或艾滋病毒(他和克劳斯都做过检测)过分担心。随后，马克承认，对他来说，直肠性交总是会带来某种程度的"道德不适感"。

"你觉得这么做不对吗？"

"我不认为别人这么做有什么错，但如果我自己这么做……"

"你感觉如何？"

"我想，是厌恶吧。"

"你是厌恶这种行为，还是厌恶你自己？"

"都有。"

厌恶是一种非常原始的情绪，曾经保护我们的祖先免于疾病和感染。因此，变质的食物、体液和身体的其他产物、表示腐烂或疾病的迹象以及与感染有关的有机体，都会无一例外地引起厌恶情绪。厌恶是一种与性高度相关的情绪。因为性行为涉及体液和与排泄相关的孔窍，很容易触发厌恶感，从而让人失去性欲。因此，情侣们抑制厌恶的程度也许可以成为衡量其亲密程度的一个很好的标准，证明他们可以一起做对象换成其他人时无法想象的事情。

"克劳斯说他很怀念那种亲密感。"

吞下别人的口水这个想法会让大多数人反感，但这确实是我们在接吻时会做的事。不过，值得记住的是，这种对身体边界的侵犯虽然很轻微，却并不是性的普遍特征之一。一项在168种文化中展开的研究发现，只有46%的研究对象会以这种方式接吻。超过一半的恋情止步于初吻。情侣们在亲吻后不久分手的案例比在亲吻后深化关系的案例要多。亲密是厌恶和欲望达成的微妙平衡——两种强大的进化需求达成的微妙妥协。

"我明白克劳斯的意思。如果我不为他这么做,还有谁会?但我们试着按他希望的那样做爱时,我一点儿欲望都没了。"

被本能的厌恶感激活的大脑部位,属于一个在我们的进化史中依次发展而成的更大、更复杂的系统的一部分。正是这个系统新发展出的一部分——可以说是最新形成的连接——让我们得以思考。由于这个系统中更高和更低的层面相互关联,对违反道德的行为的理智评估就会带来发自内心的厌恶感。我们用来描述不法行为的措辞反映了这种关系:政治腐败是"腐烂的",一个十恶不赦的人会说"肮脏的"谎言,某种犯罪是"令人作呕的"。

"当激情消失时,"我问马克,"你有什么感觉?"

他又拍了下椅子:"我只感觉脏。"

当时是傍晚时分,落日把马克框进了一个四边形的光圈里。他举起手来遮住眼睛。

"抱歉。"我站起来,放下百叶窗,整个房间便陷入了淡紫色的阴影,"这样好点儿了。"

等我坐下后,马克继续说:"我一直有罪恶感。一直都是。"

尽管社会的态度在改变,立法也有进展,但对同性恋的偏见仍然很强烈。许多人反对同性恋的理由是出于宗教的,另一些人则认为这是一种性异常。基于《圣经》的信仰不容理性的论证挑战,然而,同性间的性行为在很多物种中都可以被观察到，因此它无疑是一种自然现象。对同性恋的内化恐惧的消极后果有很多，而罪恶感是其共同特性。

我原以为追溯马克罪恶感的根源会是一个漫长的过程，然而，当我让他谈谈他的童年时，他立即说出了一些相关的经历。有时，他会停下来，皱起眉头，用手摸着侧脸，好像牙痛得很厉害似的。

"怎么了？"我问。

"我感到羞耻。"

他发现吐露自己的早年经历是一件很困难的事。即便如此，在三个疗程中，他的表现足以说明他的成长经历和干扰他性生活的罪恶感之间存在着相当明显的联系。遗憾的是，他的故事并不罕见，我就听过许多类似的。

马克在一个非常传统的工人阶级家庭长大。他的母亲虽然有求必应，但情感上很疏离，而他身为第二代意大利移民的父亲是南欧大男子主义最糟糕的刻板印象的真实写照，频频发表恐同言论，并一直对儿子可能是同性恋者的念头耿耿于怀。马克的两个姐姐受到父亲的影响，一听到和同性恋相关的话题就会做鬼脸、摆出厌恶的表情。马克大约15岁的时候，他的父亲抽出菜刀，对他说："如果你觉得自己是同性恋，就行行好，割腕吧。"马克的父亲有可能也是同性恋者，因此这种强调大男子主义的姿态是一种否定的形式。我的另一位同性恋患者告诉我，他在十几岁的时候会和一群光头党一起"殴打同性恋"。拒不接受自己的性取向可能会带来灾难性的后果。

马克早年的消极经历导致他被频繁的极端情绪困扰，而他试图通过自残来缓解这些情绪。"我过去常常把手放在蜡烛的火焰上，直到疼得受不了为止。"这一行为有几个目的：它是一种对力量的展示，驳斥了"同性恋者都是娘娘腔"的观点；它象征着"烧尽"腐烂之物；它同时也是对怀有同性恋性幻想的自己的惩罚。

马克成了一位颇有才华的语言学家。他读了大学，成绩突出，并结识了自己的初恋。他停止了自残，整体上看变得更快乐了，然而，生活从象牙塔转换到"真实"世界的过程对马克来说并不容易。

"在某种程度上，我父亲说得没错……"

"什么意思？"

"我失去了方向，和很多跟我实际上没有多少共同点的人混在一起。我在一些非常危险的俱乐部闲逛，做了一些我现在后悔的事。就好像我父亲说的一切都成真了。同性恋都招人讨厌，是没用的浑蛋、该死的基佬。我不喜欢那么随便，我根本不是那种人。我加入那些人只是因为我没别的地方可去。我想，我想要的是归属感。"

我们为了摆脱孤独、被群体接纳，会做一些不同寻常的事。多年前，我在泌尿生殖科诊所工作时，见过很多年轻男性——有些不过十几岁——频繁进行无保护措施的性行为，就是为了感染艾滋病毒。在那个年代，人们一提到艾滋病毒，几乎只会想到同性恋、艾滋病和早逝。出于以社会和文化层面为主的许多原因，艾滋病毒在当时已经与性政治和自我概念混为一谈。这些年轻人希望获得"艾滋病毒阳性"的标签，以强化自己的同性恋者身份，并在更广泛的同性恋者群体中获得地位。他们中的许多人实现了他们的目标——随后迎来了死亡。这种被他们曲解的斗争方式是毫无意义的，这点至今仍然让我感到悲伤。

太阳下山了，房间阴暗的角落变成了紫色。我做了一些笔记，然后说："既然你现在有了一段有意义的关系，也许这些罪恶感会减轻。"

"但我们已经在一起8个月了。"

"8个月也不算长。真不算。"

马克看起来有些不安。他质疑这一点，声音因怀疑而变得尖锐："好吧，假设我接受了所有罪恶感。你真的认为事情就这么简单吗？"

"也许是吧。"

"但如果不是呢？就算我把所有烦恼都说出来了，万一我还是不想按克劳斯的方式做爱呢？"

"任何感情的维持都需要做出妥协。"

"但是性这么重要，如果我不是同性恋……"

"你可能会面临完全相同的情况。有很多异性恋的男性喜欢肛交。"

"是的，但如果他们的妻子反对，他们始终可以用别的方法替代。"

"是的，但这在主观上可能不会让他们满意。也许他们认为肛交是一种更特殊、更亲密也更刺激的事。"

"可能是吧。我以前从来没有这样想过。"

我希望马克不要简简单单地把他的性障碍归结为性取向的影响。我的努力奏效了。看到他笑了，我很高兴。

从 19 世纪后期起，人类的性行为开始成为一个可以进行科学研究的对象。对同性恋者——当时被称为"性倒错者"——的个案研究开始在医学文献中出现。当时的普遍看法是，性倒错是一种先天现象，类似身体畸形或疾病。同性恋与为追求性快感的谋杀行为和恋尸癖等现象一起被列入了精神病学教科书。尽管一些医生认为同性恋不属于疾病，而且同性恋者——比如莱昂纳多·达·芬奇——取得了许多杰出的文化成就，但这些开明的意见被大多数人的高亢呼声淹没了。进入 20 世纪后，社会的态度发生了变化。到了 20 世纪 60 年代和 70 年代初，许多心理治疗师和精神科医生纷纷质疑，将同性恋归类为一种精神疾病是否恰当。1973 年，同性恋被从 DSM 诊断系统中移除。一种修订后的诊断结果——自我失调性同性恋（对自己的同性恋取向不满）——直到 1987 年才被移除。

将同性恋从诊断手册中移除的举措引发了一个有趣的问题：其他在传统上被描述为异常的性行为是否应该继续接受这样的划分方式？

心理治疗针对的性倾向通常是那些非法的、非自愿的、有害的、侵入性的、过度耗时的或与严重的内心冲突或痛苦相关的。恋童癖、窥阴癖、裸露癖和在公共场所摩擦非自愿的对象是不可否认的反社会行为，在大多数人看来应当接受治疗。然而，在当前版本的DSM中，还存在其他类型的"性倒错障碍"，而它们只有在以极端或影响正常功能的形式出现时，才会引起专业人士的注意。恋物癖曾经被认为有重大的临床意义，但在今天情况已经完全不同。很多男性（大约四分之一）有恋物倾向——例如迷恋长袜、高跟鞋或皮革——但这并不意味着他们就可以被诊断为"恋物癖障碍"。一个人无论有怎样不符合常规的性偏好，但只要他/她能独自一人或与自愿的成年伴侣合作，安全地享受这种偏好带来的乐趣，那么医学界通常认为这种情况是不需要治疗的。当这样的一个人坚持认为自己的性偏好引发了痛苦，那么治疗的重点更可能落在"接受"而非"治愈"上。

性是不可或缺的。人类社会中的主要机构都认识到了它的重要性。神话、文学和戏剧都把性接触当作一项重要内容，而我们也经常在电视、网络、广告和画廊中看到撩人的图像。那么，为什么性会如此频繁地引发尴尬、罪恶和羞耻感呢？按理说，我们早该对其熟视无睹了才对。

我们常常认为是宗教把性和罪恶感联系起来的。但许多人即使在儿童时期便拒绝接受宗教信仰，在成年后仍然会对性感到不安。

这种现象发生的原因很可能是一种不匹配的情况。我们脑内有一种有时被称为"灰质"的皮质。它位于大脑外部，约4毫米厚，用处是进行思考和做出判断。我们还有一个皮质下区域，内部包含会产生原始欲望和情感的器官。几十年来，神经科学家们一直推崇"脑的三位一体"（triune brain）理论。这个术语反映的是，我们的大脑经历了三次扩张，而每一次分别对应着爬行动物、哺乳动物和人类的进化发展阶段。这种理论必然是一种过度简化，但认为我们的大脑可以沿着皮质—皮质下的走向进行分割的总体想法是对现实的准确体现。这种划分大致上对应了头脑中意识和无意识——弗洛伊德提出的"自我"（ego）和"本我"（id）的代表。当一个男性看向一个性感迷人的女性时，他能依靠理性做出认为她的外表符合古典审美的判断，但同时，他也会用狗一样警觉和专注的方式看她。

弗洛伊德认为，我们较高层次和较低层次的人格之间的冲突，也就是人性和兽性之间的冲突，是现代文明社会中普遍的不满情绪的根源。我们不断努力调和我们的整体中相互矛盾的部分，不断努力使其达成妥协。人这种理性的动物，既能从万般复杂的莫扎特交响乐中获得乐趣，也能从和动物无异的性行为中获得快感，这种矛盾性令人困惑。这样的双重身份是如何达成统一的？这种令人不解的二元性导致许多与弗洛伊德同时代的人得出以下结论：性是我们的软肋，是容易让我们失足的滑坡，会使我们重回进化发展的早期阶段，直到我们最终落入某种无法描述的混乱。在19世纪，自慰被认为是导致精神错乱的原因之一。直到20世纪，它仍然被与精神疾病联系在一起。

对哺乳动物来说，与性动力相关的目标和行为相当有限——例如，在交配前查看孔窍。然而，由于人类拥有强大的皮质，同样的动力可以被引导到不同的方向，几乎可以与任何事物和行为相关。

性兴趣是由生理倾向、习得经验和自慰幻想共同决定的（这些都会对欲望的对象进行复杂的阐释并巩固其在个体心中的地位）。对大多数人来说，从10岁左右开始，持续到青春期的性成熟引发了对异性的兴趣。一小部分相关刺激（如性感的服装）也可能具备唤起性欲的特性。当生物倾向导致不同寻常的激发点或从偶然关联中获得非传统的刺激时，性变态就会产生。一些物体和材料相较其他更容易引起自慰幻想，是因为它们拥有一种或几种本身就能吸引人的特性。例如，男性对长筒袜的特殊迷恋在某种程度上是可以解释的：因为丝绸和尼龙是对本身就令男性感到愉悦的女性的光滑皮肤进行的夸张模拟。像水壶这样的物品就不具备这种特性优势，这就是为什么它们很少出现在性幻想中。事实证明，恋物倾向可以在实验室环境中被人为创造：男性在看过裸体女性穿着靴子的图片后，最终也会对单独展示靴子的图片表现出兴奋。这一效应后来也可以延伸到整个鞋类上。

既然一个存在微小变量的单一过程可以解释正常和"不正常"是如何形成的，这就在很大程度上缩小了那些被认为性正常和性异常的人群之间的差距。

我的一位经商的中年女性患者发现，如果性行为伴随着有节奏的碰撞或嘎吱声，她的性欲就会被完全唤醒。这一发现源于她之前在摇晃的木马上发明的自慰方法。碰撞声、嘎吱声和性兴奋之间由此形成了紧密的关联。偶然事件改变性发育进程的可能性始终存在，甚至可能出现在生命早期。

克劳斯的歌唱事业进入高峰，发展得越来越成功。他受邀参加了许多国际音乐节，经常需要出远门。这意味着马克有了更多的独处时间。他开始更加频繁地自慰。让我很惊讶的是，他觉得有必要告诉我这件事。我以为他这么做是为进一步坦白他的罪恶感和羞耻感做准备。然而，当我询问他时，我发现他内心没有一丝矛盾。事实上，他很放松，也很坦诚——也许过于坦诚了——甚至主动描述了一些细节。他会泡一个香喷喷的澡来放松，然后点燃蜡烛，在床上铺好丝绸床单。接着，他会赤裸地躺在床单上，用按摩油自慰，享受一些性幻想。然后，他会站在全身镜前自慰到高潮。

考虑到他的强迫症史，我在想，这是否给了我一个机会，来对他按部就班的习惯进行一些评论？

"你是否觉得有必要按照这个顺序来？"

"也不是。"

"如果换一个方式，你会感到不舒服吗？"

"不会。真的不会。"

随着时间的推移，这个流程中引入了新的元素。他自慰的时间延长了。他会用按摩棒，偶尔还会戴上手铐，穿一些他在俱乐部里经常穿的服装——通常是聚氯乙烯或网状物。

他是否对自慰上瘾了？

"我没觉得我失控了，我只是在想做的时候做。这没什么，对吧？"

"是的，当然。"

马克花费了相当多的精力来为愉快的自慰做准备，却没有努力创造一个在克劳斯回来后有助亲密的氛围。因此，他们之间仍然存在问题。

"也许你可以试着给克劳斯介绍一些你喜欢的东西，比如衣服、玩具之类的。"

"我为什么要那么做？"

"如果你们的性爱更刺激，也许你的感觉会不一样？"

"克劳斯不喜欢穿那些。他觉得这么做很可笑。你看，他和我不是一个年代的人，可他实际上相当保守。我想，这么做的话我俩最后都会很尴尬。"

事情发生了变化。马克似乎不太关心他和克劳斯的关系了。我开始觉得，马克很期待克劳斯出门的日子。

"也许我们只是合不来。"说这话时，他的脸上既没有后悔，也没有悲伤，"我想，我之前没意识到我们的差异对我的影响有多深。他不断提出要求，而我只会觉得我让他失望了。这对我没有好处。"

马克喜欢独处，而对他来说自慰比做爱的感受好得多：它提供的愉悦总是与接受者的意愿完全相符。像纳西索斯[①]一样，马克在反光的镜面中找到了他的理想伴侣。

从传统的精神分析角度看，自恋（narcissism），即个人偏好的性对象是自己的身体的现象，是一种变态行为。人们很容易把它与"自恋型人格障碍"（Narcissistic Personality Disorder）混淆。自恋型人格障碍是自大的一种常见模式，有需要他人的赞美和缺乏同理心等表现。

自从互联网和社交媒体出现，人们就展现出了越来越明显的自恋倾向。对一整代人（后来被称为"数字原生代"）来说，自拍和更新完全由自拍组成的相册几乎成了一项全职工作。互联网上充斥着衣着暴露、嘟着嘴的青少年的照片，他们独自在卧室和浴室里掀起T恤，暴露肉体，用充满渴望的眼睛望向虚空的网络。他们想吸引谁的注意？也许并不存在具体对象。网络心理学家认为，这种自恋表现的流行，要归因于越来越严重的独身主义和性厌恶倾向。王尔德[②]的这句话说得很有先见之明："爱自己是一场持续终生的浪漫的开始。"

一天，马克来到咨询室，宣布他和克劳斯决定分手了："我们过不下去了。"

"你现在有什么感觉？"

[①] 纳西索斯（Narcissus），古希腊神话中最俊美的男子。他爱上了自己的影子并溺水身亡，死后变成了水仙花。他的名字从此成为"自恋者"的代名词。——编者注
[②] 奥斯卡·王尔德（Oscar Wilde，1854—1900），英国作家、诗人，唯美主义的代表人物。——编者注

"目前来说，还不错。"

他已经做出了选择，但这个选择让我觉得有些不舒服。从精神分析的角度看，自恋的潜在危害非常大。这种特征与婴儿期的自大有关。如果我们太爱自己，那么我们就没有爱分给别人了。

"你想找新对象吗？"

"老实说，现在不急。"

"也许等你花时间好好想过之后……"

"也许吧。"他那奇怪的微笑让人心慌。

这一进展虽然不可预测，却也合乎逻辑。马克原生家庭的消极影响和随后引发的罪恶感导致了他对性交的厌恶。克劳斯的离家让他有了更多自慰的机会。然后，他不断将自身的形象与性高潮进行联系，从而提炼出自己的性兴趣，并开始专注于这种体验。

"一个男人爱上了自己"可能会成为一篇怪诞小说的主题。在这家知名医院，在有着白色墙壁、蓝色人造材质地毯的诊疗室里，在原本毫不出格、平淡无奇的日常中，我却再次体验到了神秘的刺激。

"我认为我不需要继续治疗了。你觉得呢？"马克的强迫症并没有复发，他发现我们的谈话对他很有帮助，尤其是对他最初所说的"同性恋的事"。

"你想念克劳斯吗？"我问。

"不想。"他回答说。

这个结果令人满意吗？

性心理的发展具有随意性，经常受到偶然经历和联系的影响。因此，我们都会沿着不同的轨迹，去往不同的目的地：对特定体位的偏好、对丁字裤的偏好、对涉及捆绑的性游戏的偏好。任何人只要花几分钟浏览一遍网上的色情内容，就会赞同"人类性行为具有极强可塑性"这一观点。复杂的皮质与动物性的欲望相互作用，就能在性方面产生无限的可能。

马克的轨迹引导他走进一间卧室，和自己的倒影交谈。考虑到同性恋的去病态化对心理学诊断的启示，我不会将马克的自恋行为解释为病态，也不会建议他接受进一步的治疗。

精神分析学家雅克·拉康提出了一个有些悲观的看法：浪漫的爱情总含有自恋的成分。他认为爱情中更多的是索取而不是给予，即更多的是满足自己的需求，而不是为他人的需求而奉献。一个理想的伴侣是我们的需求的具象化。在他/她的身上，我们可以看到自己欲望的反映。当我们崇拜地看着我们所爱的人时，就像马克一样，我们也在照镜子。

第九章

被附身的打更人

罪恶感与自我欺骗

吉姆近30岁，略微腼腆，但也很健谈。持续的目光接触会让他感到尴尬，所以他往往会说着说着就转开眼去。他谈吐温和，礼数完美无缺，常常会说："我觉得我好像在浪费你的时间。一定还有很多人需要你的帮助。他们的问题更严重。"他的体贴令人感到温暖。他是由一位泌尿生殖科的主任医师介绍给我的，起因是他从一个妓女那里感染了淋病。这种情况以前就发生过两次，让他被列入了艾滋病毒易感人群。我的一部分工作是开发帮助患者改变其行为方式的心理治疗方法，以防止他们参与有潜在危险的性活动。在英国的性工作者中，安全的性行为已经非常普及。吉姆没有采取任何保护措施的性行为说明，他购买的性服务的提供者要么无知，要么别无选择。我猜他去的那些房间非常破旧，有污迹斑斑的床垫和剥落的墙纸，拥挤的人群散发出恶臭。虽然他曾3次染上淋病，但他接触过的妓女则远远超过这个数字，保守估计能有30人。

我们坐在一家泌尿生殖科诊所的地下室里。这是一个狭小的空间，墙壁脏兮兮的，只有一扇窗户，上面还装着铁栏杆。

"我每次经过公共电话亭，都会进去看看名片。"在我给吉姆提供咨询的那一年，妓女招揽顾客的方式还是把名片放在电话亭里。名片上通常有一个衣着暴露的女人的照片，写着"丰满的黑发妞，随你使唤"之类的广告语，再附上一个电话号码。"我需要浏览每一张名片，最后会有一张脸让我印象深刻，然后我就必须把这张名片带走。"

"你过多久之后会打电话？"

"不到几个小时。一旦有一张脸让我印象深刻，我就控制不了自己，必须打电话。这就好比——"他害羞地笑了，明白自己要说的话很荒谬，"一见钟情。我只是感觉到了这种需求，这种强烈到不可思议的愿望。"

"但可以肯定的是，名片上的人只是漂亮的模特。"

"是的，当然。大多数照片和我实际看到的人完全不一样，但等我到她们的公寓时已经晚了。我人都来了，她们长什么样好像已经不重要了。"

吉姆缺乏自信："我不太会和女人打交道。我很紧张，脑子会变得一片空白。我从来都不擅长搭讪之类的。我感觉很尴尬，很假。"

他的行为是由孤独感驱使的。于是我问："你以前交过女朋友吗？"

"不是很多。但那时候不一样，她们很容易相处。都是熟人，在学校认识的。"

"如果你现在有了女朋友,你认为你还会觉得有必要去召妓吗?"

"我不会谈恋爱了,我的工作方式不允许。没有机会了。"

"好吧,但如果只是假设一下呢……"

对于这种交女朋友的假设,吉姆花了相当长的时间思考。

"我不能肯定。"

"你还会觉得有这种需要?"

"我刚才不是说过了嘛,"他眨了眨眼睛,接着说,"我走进那些电话亭的时候……"

"什么?"

"就好像……变成另一个人了一样。"

"这是什么意思——你变得不像你自己了?"

他摇摇头,做了个防御性的手势,避开了这个问题。他不知道。

吉姆的行为让他感到十分挫败。他经常会陷入沉默,一副闷闷不乐的样子,在一番深思熟虑之后说:"我不知道我为什么会去找她们,为什么我永远也改不掉这个习惯。我就是不明白。"

"你肯定很享受这件事。我们可以这么说。"吉姆用头部的微微颤动反驳了我这样的断言。"你不享受吗?"我的怀疑太过明显,声音也太过尖锐。

"事情没那么简单。是的,我是享受性爱,但不总是享受,不是每次都能。完事之后,我总是感觉很糟糕。"

"怎么说？"

"我觉得我好像在剥削这些女人。我有罪恶感。"

我低头看着笔记，发现我记下来的信息很少。我们的谈话令人失望。我们讨论了他缺乏自制力的可能原因，但未能得出任何确切的结论。最后，吉姆会说："你能这样听我讲真好。我真的很感激你。"这样的话会让我们的谈话进入死胡同，然后，他会转开眼去，露出些许不安的表情。

我对一位精神病学家同事讲了吉姆表达模糊的问题。

"你不会找到他问题的根源的。"她啜着茶说。

"你为什么这样认为？"我问。

"他很孤独，然后找到了一个可以说说话的人。如果你能把他的问题查个水落石出，他就不会再来了。"

存在这种可能。

吉姆在萨塞克斯郡的一个小镇长大。他的母亲是一名小学教师，父亲是一名电工。在他的记忆中，他的童年幸福而平凡。然而，在17岁时，他经历了一场崩溃，出现了神经衰弱的情况。"我对考试非常头疼。我学习太刻苦，睡眠不足。我撑不下去了。"他过了好几个月才完全康复，这时已经错过了考试。他决定休学一年，但到了那年年底，他仍然不愿重返校园。他从一份简单的工作换到另一份。然后，他离开了家，到伦敦四处漂泊，直到在一个平平无奇的郊区定居下来。

"你现在在做什么？"我问。

"我给一座大厦看门。"

"你做这份工作开心吗?"

"还行吧。什么大事都没有,我就看书。就好像看书能拿钱一样。"

"你看什么书?"

"各种书。我很喜欢历史。"

多年来,他与上学时的所有朋友都失去了联系,也很少回家看望父母:"我知道他们对我很失望。"从整体上看,他体现了一个与社会越来越脱节的男人的形象。他生活在边缘地带,过着不为人知的生活,甚至是日夜颠倒的。

午休时,我遇到了那位同事,她坐在诊所附近的一家咖啡馆里。

"你的疑难病例怎么样了?"她问。

"没有取得多大进展。"

"看吧。"

"看什么?"

"他在拿我们寻开心呢。"

虽然吉姆并不是在"拿我们寻开心",但他必然隐瞒了一些真相。

来参加下一次治疗时,吉姆显得很沮丧。

"我很抱歉。我又去了。"

我打开吉姆的档案,写下了日期。

"我真的很抱歉。"他重复道。

"我们一步一步来,把发生的事情捋一遍。"

他点了点头,看上去如释重负,就好像他其实希望我责备他似的。"我刚结束工作,"他开始说,"正往地铁站走,路过了电话亭,看到里面塞满了卡片。"

"你当时在想什么?"

"什么都没想,就是自动走过去的,就好像灵魂出窍了一样。我看了看那些名片。其中有张黑白照片……一个微笑的亚裔女人,我就是忍不住。"

他把名片带回家,一进公寓大门就打了电话。那天下午,他在一个以贩毒和贫困著称的城区见了这名亚裔妓女。

"你们的性行为做保护措施了吗?"

"做了,虽然是因为她……她提出的。"我们讨论过很多可以帮他提升性交前使用安全套的可能性的策略,但他一个都不记得了。"我很抱歉。"他用被烟熏黄的手指按摩着太阳穴。

"你还好吗?"

"我头痛。我经常头痛。"

"你想继续吗?"

"当然。"他皱起了眉头。

"如果你需要的话,我可以给你弄点儿扑热息痛来?"

"不用了,一会儿就能好。"他停顿了一会儿,说:"我真的很抱歉。"他看上去心烦意乱,"你一直想帮我,我却没老老实实告诉你一切。"我看着他的眼睛,他也与我对视着。我本以为他会把目光移开,但不同寻常的是,他没有。他的瞳孔微微扩大了，我猜他是要承认自己有毒瘾。"我从来没打算误导你，但有些事情……连开口都很难……"他吞吞吐吐地说着，仿佛无法承受泄露秘密的压力。

我能听到桌上的时钟在嘀嗒作响。他换了个姿势，吸了一口气，有好几秒钟屏住呼吸，然后说："我去找妓女，是因为我被附身了。我是被恶魔附身的受害者。"

"好吧。"我不想做出过度的反应，就在吉姆的档案里做了个记录。当我抬起头时，他仍然在盯着我看。我不知道该如何回应。在医院病房工作的时候，我和许多声称被恶魔玩弄于股掌之中的患者交谈过。他们都被诊断为精神分裂症，失去了自理能力，并表现出了丧失自我意识的迹象。这样的患者并不少见。然而，吉姆和他们完全不同。他是个头脑清醒、胡子刮得干干净净的年轻人，近10年一直有稳定的工作。除了有些害羞和说话比较含糊，他的陈述中绝对没有任何元素能让我为这句令人吃惊的坦白做好心理准备。也许他是在开玩笑？我立刻打消了这个念头。

如果我说错了话，疗程就会宣告结束，我可能再也见不到吉姆了。"你被恶魔附身了。因为恶魔的影响，你去找妓女。"我暂时接受了他的观点，也没有露出丝毫看不起这段对话的意思。我们只是两个男人，坐在一间屋子里聊天。

吉姆的肩膀放松了："是的，没错……"

"好吧。"我说，"好吧。"

我俩的呼吸都变得轻松多了。

"恶魔"的概念在精神病学的历史上有着特殊的地位。考古所得证据充分证实，关于精神疾病的最早的"理论"便是"恶魔附身论"。一些源自石器时代的头骨上有小洞，周围有愈合的迹象，表明头骨的主人曾经接受包括骨板穿孔在内的原始手术。这一手段的假定目的是"释放邪恶的灵魂"。

　　虽然"恶魔附身"的情况能被归入不同类别，但最基本的差别在于当事人对"恶魔"活动的了解程度。在"梦游式附身"的情况下，"恶魔"完全控制了当事人，并会以第一人称说话。当事人在清醒后会完全不记得这件事。然而，在"清醒式附身"的情况下，意识没有缺失或间断。当事人意识到"一个独立的意志在自己身体内部运作"，并会努力抗拒这一过程。

　　吉姆是一个神志清醒的人。

　　15岁的时候，我非常想看威廉·弗莱德金（William Friedkin）的《驱魔人》（The Exorcist）。新闻报道把它描述为"有史以来最恐怖的电影"。不用说，它在当时属于X级电影（相当于今天的"18岁以下不准观看"），而我当时还是长着一张娃娃脸的青少年。当电影在我们本地的电影院上映时，我和一个块头更大、长相更成熟的男孩一起去了。在他买票的时候，我设法溜进了检票口。一位冷漠的领位员挥手示意我们进入一个烟雾弥漫、脏乱不堪的影厅。我坐下来，兴奋至极。关于这部电影的一切报道都是真的。确实太吓人了。在某些场景，我吓得必须闭上眼睛，根本不敢看屏幕。

　　我该怎样处理吉姆的问题呢？我该怎么做才能驱除他的

"恶魔"呢?

外面传来雨声和鞋跟敲击在混凝土上的声音。

在泌尿生殖科诊所的地下室里,我桌上的灯制造了一个光圈。在光圈之外,黑暗越发浓郁。吉姆刚好坐在光圈边缘,这位置就如同他那种含糊不清的状态的贴切写照。大多数医护人员已经下班,离开了这里。

"你被附身多久了?"我问。

"自从我崩溃以后。"吉姆回答。

"你还在上学时的那次精神崩溃?"

"是的,对不起。我之前故意把事情说得很轻巧。实际情况要严重得多。我当时的医生考虑把我送到精神病院去。不是我能不能自己调节的问题。我根本解决不了。"我听到轮胎划过水坑的嘶嘶声。"但这不是因为学习,不是因为我太努力。我没法自己调节,是因为我感觉很糟糕。我头痛,浑身没劲,还有其他奇怪的感觉。"

"你还记得事情是怎么发生的吗?你被附身的那一瞬间?"

"我记得,而且之前有过一些铺垫。"我请他详细说明。于是他说:"那时夏天刚到,我就开始头疼。然后我开始视力模糊、恶心,所以我去看了医生。他说我可能得了偏头痛。他给我开了些药,我吃了,但没有效果。如果说吃药跟不吃有什么不同的话,那就是吃药以后头疼更厉害了。我一直觉得很累,早上起不来。我妈那时候觉得是因为我懒,但我感觉非常非常累。"

他停顿了一下，碰了碰我书桌的边缘，然后盯着自己的手指。他的每个指甲都用锉刀磨圆了。他没有抬头，接着说："我还会做梦——可怕的梦。"

"你梦见了什么？"

他最终从沉思中回过神来，说："都是春梦，但无论如何都不是愉快的梦，实际上让人非常不安。"我估计吉姆不想谈论他的梦，因为那些梦的内容在10多年后仍然让他感到不安，而我表现出的兴趣很容易被误以为是窥私的表现。吉姆放开了我的桌子，把手放到了膝盖上。"我知道有什么不对劲。我是说，非常不对劲，就好像……发生在我身上的一些事情……很不自然。我觉得我受到了什么力量的影响，好像有什么东西让我没法清醒地思考。这些梦——这些可怕的梦——就好像是别人做的梦一样。"

"你感觉不舒服，还做了噩梦。就算这些梦对你的影响非同寻常，是什么让你觉得这些梦需要用超自然的方式去解释？"

"我妈以前星期天都会去教堂，有时我爸也会去。我们一直不算虔诚的天主教徒，不会坐在一起祈祷，家里甚至没有一本《圣经》。我小时候经常去教堂，但年纪越来越大，去的次数就越来越少了。我妈很好说话，不会强迫我参加礼拜。"他抖了抖T恤，好像此时已经是炎热的夏天，他想凉快一下似的。"我有一段时间没去教堂了——实际上已经有几个月了。然后在一个星期天，不知道为什么，我决定去。但是那个味道，蜡烛和熏香的味道，让我觉得恶心。我以为我要吐了。我在教堂里根本待不住，几乎是被某种力量逼得跑出去了。"

"那种感觉一定非常可怕。"

"是的……是的，很可怕。"我从他的眼中看到了感激。他的经历得到了认可与理解。

生活在一个相信有恶魔存在的世界，每天早上从紧张的梦境中醒来，处于极度恐惧的状态中……这是种什么样的感觉？

"你说过，你记得你被恶魔附身的时刻……"

"当时一个朋友问我想不想去喝一杯。他刚刚考了驾照，正在开他爸的车。我们开车去了丘陵地带的一家酒吧——一个有啤酒花园、风景优美、安安静静的地方。到那以后，天开始变阴，一场可怕的暴风雨来了。当时又是打雷又是闪电，然后开始下倾盆大雨。我跑进屋里，但还是湿透了。我是10点钟回到家的，也许10点半，反正没过10点半。暴风雨虽然停了，空气还是很潮湿。我打开窗户，准备睡觉了。就在快睡着的时候，我感觉到房间里有什么东西。我动不了，好像全身麻痹了一样。然后，我的后脑勺开始钻心地疼。"他用手臂绕过肩膀，摩挲着他的枕骨。"就在这儿，能看到吗？在头骨底部，感觉像骨头凸起的地方？好像有什么锋利的东西直接捅了进去。就是那一刻。我觉得我就是在那一刻被附身的。"他身体向前探来，眼睛里闪着光。"那天晚上我做的梦太可怕了，比我以前做过的任何梦都要糟糕。我醒来以后，觉得头又沉重又无力。我在下午晚些时候努力爬起来了，但我觉得我好像得了流感之类的病。我去刷牙，然后在浴室镜子里看到了自己。我惊呆了。我看起来不一样了。"

"哪里不一样了?"

"我的脸形变了。"

"别人注意到了吗?"

"没有。变化很小,只是变长了一点儿。"一阵短暂的沉默。"我妈下班回家后马上打电话给医生。医生非常担心,接下来的几个星期里来看了我好几次。他说我累坏了,需要休息,我可能得去住院休养,但到最后我也没去。他给我开了一种新药,我开始感觉好些了。但我不想再去上学了。我不想再回去写论文、死记硬背知识点了,因为我觉得我还没准备好。于是我找了一份在超市整理货架的工作。"

"你还记得医生开的是什么药吗?"

"可能是某种抗抑郁的药。"

"你心情不好吗?"

"可能吧,我也不知道。"

"你没有把教堂里发生的事告诉医生吗?还有你在卧室里感觉到的东西、你做的噩梦?"

"没有。"他摇了摇头,"没有。我从没对任何人说过这些。"

"那你现在跟我说了这些,感觉怎么样?"

"说出来还是挺难的,但我感觉……"他的语气听起来很惊讶,"……还可以。"

我放下笔,合上吉姆的档案:"你为什么不向教会寻求帮助呢?"

"我向上帝寻求过帮助。我花时间在教堂里祈祷过。但我的感觉一直很糟糕。现在连看教堂一眼都让我恶心。"

"神父呢？你为什么没有跟神父谈过这件事？"

"和他们在一起我觉得不舒服。我妈教会里的神父不怎么好。一个是老糊涂；另一个脾气暴躁，教会成员以前总聊他的八卦。"

我看了看手表。谈话持续了一个多小时。我做了一些总结，并和吉姆安排好了下一次咨询的时间。"好吧，我会来的，"他说，"谢谢你。"临走时，他在门口犹豫了一下。走廊里的荧光灯很亮，把他勾勒成一个毫无特色的剪影。他举起了手，做了一个最终的告别手势，我也做了回应。我听着他渐渐远去的脚步声。雨已经停了，但我还能听到滴水的声音。我盯着吉姆坐过的空椅子看了一会儿。

和"被恶魔附身的人"坐下倾谈，观察、思考、感受原始恐惧隐隐涌动的体验令人不安。我把吉姆的档案放进公文包，抓起我的外套。

"他会跟你说话吗？"

"我没听到过什么声音……"

"那么他是怎么告诉你该怎么做的？"

"事情不是那样的。他没有告诉我要做什么。"

"那他是怎么让你去见妓女的？"

"当我走过电话亭时，是我决定看看里面的名片，是我在看她们的照片，也是我觉得她们很有魅力、很性感。"

我困惑起来："那么是他让你给她们打电话的吗？"

"也不是，"吉姆继续说，"只是他会阻止我思考什么是对的，什么是错的。"

"他为什么不跟你说话？"

"我想他做不到。我觉得他不够强大。"

"如果他没有那么大的力量，你为什么不能抗拒他的影响呢？"

"因为他永远不知疲倦。他会让我失去抗拒的力气。有时，我都下决心不打电话了，但我的意志力会慢慢变弱。我会开始想：没什么大不了的吧？再去一次，我就再也不去了。"

"他还会通过其他方式影响你的行为吗？"

"没有。他的影响力相当有限，除了妓女就没有别的了。"

"他从来没有强迫你做过任何暴力的事？"

"没有。"

"你和妓女在一起时，是否有过任何暴力的想法或冲动？"

"没有。"

"你确定吗？"

"我讨厌暴力，尤其是性暴力。"

"他不会向你的脑子里灌输一些暴力的想法吗？"

"事情不是那样的。他是通过控制我的良知来影响我的。我必须先自己想变得暴力，就像我想和名片上的女人上床一样，然后他会影响我判断对错，这样我才会想要使用暴力。"

吉姆对"恶魔"影响他行为的方式的理解,碰巧与神经科学和精神分析学的角度非常一致。原始冲动想要得到表达,必须先让源自大脑额叶的抑制机制失效。用精神分析的术语来说,他的"恶魔"就相当于一个没有发育完全的、放纵的超我。

"你知道他长什么样吗?"我问。

"有时候我在梦里会看到一张脸,可能是他的脸。"

"那张脸是什么样的?"

"大概这样。"他把双手举到头的两侧,用食指比画了两个角。这动作原本可能具有一种有趣的、孩子气的讽刺感,但吉姆严肃的表情不禁让我体会到一种感同身受的恐惧。我再一次问自己,受到如此严重的侵犯会是怎样一种感觉?我准备记录我们谈话中的重要细节时,吉姆突然说:"我知道他的名字。"

我停下手中的笔,问了一个显而易见的问题:"如果他不能直接跟你说话,你是怎么知道他名字的?"

吉姆从一本杂志上剪下了 26 个字母,把它们在桌子上排成一圈。然后,他非常轻地把一根手指放在一个倒置的酒杯上,命令"恶魔"说出他的身份。几分钟后,玻璃杯开始移动,在一个字母旁停了下来,然后又移动到下一个字母旁。

"阿兹哥罗斯。"吉姆说。

"阿兹哥罗斯。"我重复了一遍。

中世纪的神秘主义者对地狱的等级制度十分着迷。他们认为,地狱就像一个城邦或国家一样,具有一个统治链条,有王子、大使、内臣和其他官僚。后来,我在仔细研读了各种晦涩难懂的人名辞典后，找到了地狱的司库阿斯塔罗特、阿斯特莱斯（或称"阿斯塔特"）、地狱军队的旗手阿撒兹勒，甚至还有一个恶魔国王阿斯蒙蒂斯——淫欲的煽动者。但我没有找到他说的"阿兹哥罗斯"。

当年，在午休的大部分时间里，我都在如今被称为"泰特不列颠美术馆"的地带散步。我特别喜欢前拉斐尔派的展厅。在那里，我对但丁·加布里埃尔·罗塞蒂（Dante Gabriel Rossetti）描绘的"冥后"普罗塞福涅格外着迷。这幅精美的画像描绘了一个站在昏暗走廊里的美丽女人。她身后的墙被一束来自上层世界的方形光照亮。她的头发熠熠闪光，红唇格外饱满，与长鼻子和坚挺的下巴相得益彰。她的脸给人的感觉更多的是强硬，而非美丽。她侧身站着，袍子松松地垂在肩膀上，露出了上背部完美的肌肉线条。她手里拿着一个石榴，裸露的果肉给出了关于女性生殖器的强烈暗示。你不需要坠落到地狱深处，关于肉欲的一切便唾手可得。"冥界"和弗洛伊德所称的潜意识本质上是同一个处所。

在回诊所的路上，我在附近的咖啡馆里看到了那位同事。她问我吉姆的情况如何了。我向她总结了有关的细节。

"那么，"她说，"你要拿他怎么办？"

"我还不知道。"我回答。

她吞下最后一口午餐，用餐巾纸擦了擦嘴："你看起来也没有特别着急。"

"毕竟,给他的问题一个解释是最重要的。"

她皱起眉头,说:"好吧,我们看看问题的本质。你治疗的是一个经常嫖娼的男人,他认为自己的脑子里有个恶魔,你却认为这种想法不重要。"

"我挺喜欢他的。"

"跟这件事有什么关系?"

"我相信他不会伤害任何人。"

她扬起眉毛:"哦,那好吧……"见我没有回应,她补充说,"你应该考虑药物治疗。"

"我还不确定他现在是不是需要吃药。"

"他认为他的脑袋里有个恶魔,你还不确定他是不是需要吃药?"

"我是个心理咨询师。我已经习惯使用假设性构念[①]了。"

"话是没错,但如果这种假设性构念告诉他去勒死他看到的下一个妓女呢?"

"他听不到所谓'恶魔'的声音。不是你想的那样。"

她那修得整整齐齐的眉毛向上挑了一点儿:"如果你错了,怎么办?"

曾经有一次,我在准备离开医院时发现门被锁了。这道门是通过电子设备控制的。当我让看门人把我放出去时,他指向门厅对面一个苍白、瘦削、长发油腻腻的年轻女子。她是个瘾

[①] 一种科学概念,指被用来解释某种现象但本身无法被观察到的抽象假说。——编者注

君子。当时已经很晚了,我很累,想回家。

"你能开一下门吗?"

"不行,"看门人说,"我不能开门。我一开,她马上就会跑到街上。她不能出去。"

我看了看那个女人,又看了看门口,确信在她走过这段距离之前我就能顺利跑出去,而且时间绰绰有余。

"拜托你了,开门吧。"我虽然说了"拜托",但语气里并没有拜托的意思。

"是啊,开门呗。"那个年轻女人喊道,"我不会跑的,不会的。"

看门人显得很担忧:"那要是出了问题,你负责?"

"我负责,"我回答说,"我负全部责任。"

我握住门把手,门锁发出"咔嗒"一声。让我大吃一惊的是,转瞬之间,那个女人已经在我旁边了。我根本没看到她穿过门厅的动作,就好像她用了什么魔法一样。为了不让她逃走,我用胳膊挡住了出口。她的反应是咬住了我的胳膊。这样一来,我只能奋力用一只手关门,用另一只手挡住她的去路——这意味着我完全不能动弹,只能任凭她撕咬我的胳膊,直到救援队赶到,把她拖走。她留下的伤疤几乎在我手臂上招摇了一年,不断提醒我回忆起当时的愚蠢。

"如果你错了,怎么办?"我的同事重复道。

19 世纪晚期,巴黎著名的萨尔佩特里埃医院(Salpêtrière

Hospital）收治了大批"恶魔附身者"。这种"恶魔活动"的激增与当时的人们对唯灵论和神秘学兴趣的提升趋势是一致的。具有讽刺意味的是，是科学技术——而不是神秘主义本身——给了唯灵论更大的推动力。在灵媒宣称自己能从死者那里接收信息的时代，电报技术已经证明了跨越远距离进行通信的可能。若干年后，电话技术开始传送无须依托于身体的声音，而无线电则让人们更相信一种观点——通灵可能类似一种广播，只不过是和现实中不存在的"灵体"进行的。

对那些持怀疑态度的人来说，"降神会"提供的并不是人在死后尚有意识的证据，而是对大脑的作用机制有价值的信息。"灵媒"与某些"灵魂"沟通，用古怪的语言说话，并"自动书写"下文字……对于这些现象，神经学家的基本观点是，它们是大脑的各部分分离并独立后产生的。他们意识到，灵媒和多重人格的案例之间具有相似性。也许这些"灵魂向导"和"恶魔"不过是聚集在一起并获得了某种"身份"的无意识记忆？这一概念与当今的某些科技成果有着惊人的相似之处。进行自组织学习的人工智能也会在这个过程中自我完善，实现自动化。2016年，微软公司开发的聊天机器人"少女"只用了24小时就变成了一个痴迷于性、热爱希特勒的阴谋论者。微软不得不删除了它。

19世纪的皮埃尔·让内（Pierre Janet）曾经记录过一个有趣的"恶魔附身"案例。他是位多才多艺的法国人。如果说对科学史的贡献被严重低估的人物也可以列一份名单的话，他应当赫然在列。1889年，就职于萨尔佩特里埃医院的让内开始进行医学研究，开发出一种被他称为"心理分析"的治疗形式。这种治疗包括从被他称为"潜意识"的大脑部位中提取记忆。这种方法的基本原则与弗洛伊德和布洛伊尔所拥护的方法是一致的。然而，弗洛伊德和布洛伊尔被视为心理治疗的发明者，但让内在法国以外几乎无人记得。

1890年底，33岁的阿基里斯因为"被恶魔附身"而被带到萨尔佩特里埃医院接受治疗。他捶打自己，说着亵渎的话，断断续续地用"恶魔的声音"念叨。他是在大约6个月前出差回来后发生性格变化的。从那时起，他不再和妻子说话，总是闷闷不乐、心事重重。医生们无法给出解释。随后，阿基里斯的病情离奇地恶化了：他会持续大笑两个小时，会看到关于地狱、撒旦和恶魔的幻觉。他还把自己的双腿绑在一起，跳进了一个池塘。在获救时，他说他这样做是为了测试自己是否被附身了。

一开始，让内采用了催眠术来治疗，但是阿基里斯抗拒这个过程，并一直没有反应。幸运的是，作为一位有创造力的心理治疗师，让内认识到自动书写可以打开与阿基里斯的潜意识进行交流的渠道。他把一支铅笔放到阿基里斯手里，低声问了些问题。阿基里斯开始书写时，让内问："你是谁？"阿基里斯写下了"恶魔"。让内巧妙地要求阿基里斯做点儿什么来显示力量，以证明他的身份。如果"恶魔"能违背阿基里斯的意愿，将他催眠，那么这就很有说服力了。"恶魔"完成了任务，从而为让内做好了从患者口中获得真实、直接的答案的准备。

即便我们选择了坦白，坦白也并不一定是直接的。含糊的坦白能让患者提供隐晦的信息。让内的治疗方法就让阿基里斯能够以一种间接方式卸下自己内心的重担。原来，在出差期间，阿基里斯出轨了。让内总结道："这名患者的症结并不在于对恶魔的想法。思想是次要的，是一种从迷信角度进行的解释。真正的疾病是悔恨。"让内一再向阿基里斯保证，他的妻子会原谅他，从而减轻了阿基里斯患病的根本原因——内疚和焦虑的影响。也许对让内的治疗方法的最佳理解是，这是一种复杂的心理剧，涉及对患者预期的控制。这种心理剧需要在阿基里斯愿意（或能够）揭示真相之前"开始上演"。

阿基里斯在内心无法承担背叛妻子的责任。为了减轻道德上的不适感，他把自己的一部分——需要对背叛负责的部分——分离出来，将其藏在心灵的最深处。我们经常在一些表达中看到把责任推卸到一些非特指的主体上的普遍倾向，例如"我不知道我那时候怎么了"或者"那一刻我根本不是我了"。一些严重到不可接受的行为仍然被归咎于某些超自然的力量——"我就像被附身了一样"。

在对妻子不忠后，阿基里斯开始梦见恶魔。这样的梦可能在向阿基里斯暗示，他的行为可以用"被恶魔附身"来解释。不久之后，他分离出来的那部分自我就拥有了"恶魔"的身份。阿基里斯早年的经历使这种转变更加容易理解。他出生在一个非常迷信的家庭。他的父亲曾经声称，自己在一棵树下遇到过恶魔。阿基里斯从小就被灌输了这种思想，因此在成年后也倾向于用超自然的概念来解释世界和发生的事。

吉姆对自己去找妓女的行为持有消极的看法,跟阿基里斯对待自己不忠行为的态度异曲同工。吉姆口中的"恶魔"也有类似的作用。如果你不体面的行为是受了恶魔的影响,那么你就不该为此受到指责了。

我拿起电话,打给我的同事。

"我一直在想,也许你是对的。你能来和我的患者讨论一下药物治疗方案吗?"

我迟迟不让精神病医生介入的行为是不理智的,甚至可能是不专业的。吉姆的确有可能在吞下一颗药丸后就痊愈了。然后,我就会感到自己的存在是多余的,也会因此感到失望。我不想这么快放弃。

看到吉姆慢吞吞地挪进房间,我就知道有什么事不太对劲。他坐了下来。当我试图和他沟通的时候,他的话说得很慢,含糊不清、语无伦次。他没有刮胡子,衣服也似乎不合身——有些地方太紧,有些地方又太松。我得把每个问题重复几遍才能从他那里得到答案。他的眼睛眯成了两条缝,好像保持睁眼状态对他来说很难似的。有些时候,我不得不伸出手把他摇醒。

吉姆对抗精神病药物利培酮的反应特别严重。

"吉姆,你能听见我说话吗?"

他把头转到一边,左眼已经闭上了,但右眼还睁着:"能。"

"我希望你停止服药,好吗?"

"服药……"

"是的，利培酮。我认为吃这个对你没什么好处。"

"不，可能不是因为这个。我可能只是觉得累。"

"也许你今天晚上不该去上班。我会打电话给物业公司。我会告诉他们你不舒服。行吗？"

"嗯，好的。"

"你有他们的号码吗？"

"我记在哪儿来着。"他心不在焉地试图找他的手账本，然后向前一栽，用双手抱住了头。

我从未见过一个患者对药物的反应如此严重。尽管这么想不可原谅，但我必须承认，我很高兴。

吉姆患有妄想症，但看症状，他的情况不能被分为普通的类型（如钟情妄想型或嫉妒妄想型）。当一种妄想症不完全符合任何给定的类别（DSM-V 中划分的若干类别）时，医生仍然可以做出妄想症的诊断，但要冠以"未指定类型"这个笼统的名称。

关于爱情和不忠的幻觉实际上深深依托于现实。人们确实会坠入爱河，也确实会背叛彼此。然而，被恶魔附身并不是一种普遍的人类体验。这可能意味着被恶魔附身的妄想是一种更难以解释的现象。但是，我越多地思考吉姆的过去，就越觉得他的幻觉是一个合乎逻辑的结果。

当吉姆开始出现头痛问题时，他认为自己可能受到了某种形式的精神攻击。这只是一种偶然的念头。如果不是随后出现了噩梦，这一想法会很快被推翻和遗忘。

噩梦与偏头痛有关，但由于不知道这一点，吉姆开始反复思考这是不是被恶魔附身的后遗症。他那时还是个青少年，身体里充满了睾酮。不出所料，他的梦和性有关，而且十分生动。对一个敏感的年轻人来说，这些前所未有的反常景象是意外而陌生的。每天早上，他会本能地嗅空气中是否有硫黄的气味。①

吉姆对"恶魔"进入他头脑的描述听起来很特别：房间里只有他一个人、动弹不得、头骨底部的刺痛以及更多可怕的梦。但这类经历其实很常见，而且和做噩梦一样，也与偏头痛密切相关。睡瘫症（sleep paralysis）倾向于发生在睡眠的过渡阶段，无论是在即将睡着还是即将醒来时。经历睡瘫症的个体是有意识的，有时睁着眼睛，但身体没有反应。个体可能会出现呼吸困难、急性焦虑和幻觉（可能有触觉感受，甚至有痛感）。睡瘫症常见的症状之一就是感觉到卧室里有人或物存在。

我们尚不清楚睡瘫症的确切原因，但压力是其诱因之一。当然，当吉姆的问题出现时，他的确承受着巨大的压力。他的学业被寄予厚望，因此随着考试临近，他的压力一定越来越大。

几乎可以肯定，梦淫妖（incubus）——与人类交媾的恶魔——正是受睡瘫症启发而被想象出来的。它们的形象出现在神话和民间故事中，也经常出现在哥特风格的艺术作品和小说

---

① 在西方文化中，硫黄味是恶魔出现的一个标志。——编者注

中。英国画家亨利·福塞利（Henry Fuseli）便有此类画作。他华丽、黑暗而带有情色意味的油画《梦魇》，描绘了坐在一个熟睡的女人肚子上的怪异生物对她虎视眈眈的画面。这幅画已经成为杂志编辑们在需要给关于睡瘫症的文章配图时的最爱。

在做梦时，我们身体的大部分肌肉都处于麻痹状态，这是完全正常的。睡瘫似乎发生在我们在进入深度睡眠之前就开始做梦的时候。我们发现自己处于某种潜意识状态，在做梦和清醒之间。我们动弹不得，于是挣扎着想明白发生了什么。

当吉姆睡到很晚才起床——那是他出去喝酒的第二天——他便把一切，甚至包括疲倦感和轻微的病毒感染都解释为被恶魔附身的表现。他的这种行为体现了认知心理学家所说的"确认偏差"（confirmatory bias），即寻找、解读和重视与预先存在的假设或信念相符的信息的倾向。我们都会这样做。大多数人都会阅读那些宣传自己认同的政治观点的报纸，而实际上，通过阅读反对观点来更彻底地检验自己的观点的行为才更有意义。确认偏差必定会导致既有的信念变得更顽固。

吉姆说，当他照镜子时，他发现自己的脸形变了。焦虑与过度换气有关，而过度换气会造成认知的扭曲。这样一来他的脸看起来确实变了。当他和母亲一起走进教堂时，焦虑会让他感到恶心。

虽然吉姆最初的头痛属于偏头痛，但我倾向于把他的持续头痛归咎于焦虑。吉姆认为他的头痛是恶魔附身的征兆。这种想法使他焦虑不安，从而过分关注头部的任何感觉。颅肌紧张、

第九章　被附身的打更人　　243

脑血管扩张（由过度换气引起）或二者叠加的情况都会导致头痛。持续的头痛使吉姆更加相信恶魔就在他的脑袋里。吉姆可能的确患有妄想症，但他的妄想症是由知觉障碍、持续恶心和头痛等真实存在的情况引起的。

一旦吉姆习惯了自己被附身的想法，这个"恶魔"就开始发挥另一个作用了。吉姆可以责怪他，认为是他在强迫自己召妓——这是一种与他自身的基本价值观冲突的行为。

渐渐地，在一个错误归因导致下一个错误归因的过程中，吉姆创造出了一个恶魔。但这些步骤中的任何一个在单独考虑时都不算特别反常，而吉姆"被恶魔附身"的可怕经历其实只是一个相对常见的睡眠问题引发的。古罗马斯多葛派哲学家爱比克泰德（Epictetus）写道："扰乱人们心灵的不是事件，而是他们对事件的看法。"简言之，引发了问题的就是吉姆自己。

那么，我该怎么做呢？

精神病学的经典参考书之一——大卫·伊诺克（David Enoch）和哈德里安·鲍尔（Hadrian Ball）所著的《罕见的精神病学综合征》（*Uncommon Psychiatric Syndromes*）这样描述"恶魔附身"的情况："恶魔的存在既没有得到科学研究证实，也没有被其否定。"一位心理治疗师如果想要改变一种强烈的信念，就必须以谦卑和尊重的态度来完成这项任务。

"你是否考虑过你的症状有其他原因？"

"是的，"吉姆说，"当然想过。我想过我可能是……生病了。"

"然后呢?"

"我知道我说的话听起来很疯狂,"他对我微微一笑,"但我觉得自己没有疯。"

"在我看来,有两种可能性。第一种,你的问题是恶魔附身的结果;第二种,你的问题是,这么说吧,心理上的。你总是倾向于第一种解释。就我所知,你有可能是对的。"

他很惊讶:"真的吗?你真这么想?"

"真的。"

吉姆看起来很忧虑:"你也觉得我可能被附身了?"

我耸了耸肩:"我也不是什么都知道。我不能一口咬定什么是可能的,什么是不可能的。显然,我倾向于选择一个心理学角度的解释,但对各种答案保持开放心态可能更有用。我们不该贸然接受任何一种理论,无论是超自然的还是心理学的,除非能用实验证明。"

他很感兴趣,但依然充满疑虑:"实验?我们怎么做实验?"

"好吧,"我继续说,"就拿你的头痛来说。你认为头痛是由恶魔附身引起的,但实际上,它可能是其他原因引起的,一些非常普通的原因。头痛最常见的原因是什么?"

"我不知道。"

"猜一下。"

"紧张,压力。"

"没错,就是压力。如果你的头痛是压力引起的,那么当你放松的时候，你猜，会发生什么？"

"头痛应该消失。"

"那意味着什么呢？"

他对最后的结论犹豫不决："但我确实会放松，有时候会。也没什么改变。"

"你认为自己很放松，但也许并非如此。也许你的身体还是很紧张。"

我打开抽屉，拿出一个生物反馈装置：一个由两个金属圈环绕的白色塑料圆筒。不幸的是，它看起来像阴茎一样的外观会让人觉得它的主要用途可能是性唤起而非放松。

"这是什么？"吉姆有些为难地问。

我按下开关，这个装置开始发出一种低沉的声音。"它能监测汗腺的活动。人在感到压力时会出汗，但有时量很小。出现这种情况时，它的音调就会升高。在你放松时，音调就会下降。这是一个生物反馈机器。你现在感觉怎么样？"

"还行。"

"不紧张？"

"不是特别紧张。不紧张。"

我把装置递给了吉姆："只要松松地握住它就行了，别的什么都不用做。"

装置的音调立刻升高了。"哦……压力比我想象的要大。"

"不一定。这个实验对你来说是个新情况，谁遇到新奇的事物都会感觉有点儿焦虑。这个装置非常灵敏。我们等几分钟，看看音调能不能降下来。"装置的音调越来越高了。"好吧，我需要你闭上眼睛，清空你的思想。请把注意力集中在呼吸上。注意感受，当你吸气时，你的腹部是如何向外移动的，而当你呼气时，会发生相反的运动。试着用腹部呼吸，别用胸部。"吉姆听从了我的指示，装置声音开始降低。"好的，"我说，"你做得很好。"

我们做了一系列放松练习：膈式呼吸、一些简单的冥想技巧和引导意象（聆听对一些平静的场景的描述）。这些练习都产生了效果，让装置的音调继续下降。

"我希望你只要一头痛，"我接着说，"就使用这个装置。这样一来，有一点我们可以绝对肯定，那就是你无论用什么技巧来放松，都会产生效果。然后，记录一下放松练习对你的头痛有什么效果。"吉姆把开关按了回去，声音消失了。"好吗？"

吉姆点点头："好的。"

吉姆的根本问题是，他产生了一种妄想。在经历了一段可怕的睡瘫后，这种妄想得到了巩固。随后，又由于他对压力和焦虑相关症状的误解，这种妄想得以维持。如果吉姆不再相信阿兹哥罗斯的存在，他就无法把自己自制力差的问题推到任何人身上，而不得不为自己的行为承担全部责任。他必须成长和成熟。我的期望是，如果治疗成功，他的性格和性行为会得到调整。他不会再觉得自己是个怪人，因此有资格享受更传统的生活。他会和女性约会，坠入爱河，建立有意义的关系。某一

第九章　被附身的打更人　　247

天，他甚至可能成为一位体贴、敏感的丈夫和父亲。但这一切只有在他的妄想被推翻的前提下才能发生。

我有些忐忑地等着吉姆来接受他的下一次治疗。我在这间小办公室里踱来踱去，每次转过身面对着装有铁栏的窗户，都有一种被禁锢的感觉。吉姆的状况在很大程度上取决于生物反馈实验的结果。一个好开始会激发信心。

吉姆进屋后和我握手，并为迟到两分钟道歉："我很抱歉，公交车晚了。"他穿着牛仔裤、牛仔夹克、格子衬衫和沙地靴。从他的外表，我看不到任何变化的迹象。我回顾了我们之前的谈话，然后问："那么，生物反馈装置的效果如何？"

"每次头痛的时候，我就用它来放松，直到音调变低。我发现疼痛没有之前严重了。"

"有过彻底不疼的时候吗？"

"有，两次。"

"那么，你的结论是什么？"

他叹了口气："我想我可能错了……"我看得出他承认得很勉强、很艰难。"可能确实都是头痛引起的。"

"有很多书写了'恶魔'及其影响。你觉得这些书会表示生物反馈是一种抑制'恶魔力量'的方法吗？"

"可能不会。"

"但是，有很多学术文章都讨论了放松对紧张性头痛的改善作用。"

他沉默了，然后用喉咙里一声有力的呼气发出了表示肯定的声音。他曾因为害怕失望而一直不愿承认摆脱"恶魔"影响的可能性，但这种可能突然变得唾手可及。一道光线穿透了他的黑暗。他发出了一种奇怪的声音，一种犹疑的、称得上笑的声音。他是一个很长时间都没有体验过快乐的人。

"我们还有别的事能做吗？"他问，"其他实验？"

"能啊，"我回答，"如果你愿意试试的话。"

在接下来的疗程中，我采取了一种执着、温和的探究态度。我们收集数据，评估证据并得出结论。我从来没有一刻否定或轻视过他对恶魔附身观点的相信。我只是让他考虑一下其他的可能。

我向他展示了我对他的问题的解释——一个主要由恶性循环组成的图表，体现了他的身体症状和错误归因如何维持并强化了他潜在的妄想信念。

"倒也不全是我想象出来的。"

"是的，其实你没有想象任何事。问题在于你是如何解读现象的。"

正如人们所说，细节决定成败。[1]

在接下来的两个月里，吉姆渐渐不再相信阿兹哥罗斯的存在，也没有再去找妓女了。我想确保我们已经取得的成果得到了巩固，而且我仍然有许多问题：为什么他一开始会想到恶魔附身这种可能性？他的家庭比他想象中更虔诚吗？他是不是另

---

[1] 这句谚语的原文直译为"恶魔藏在细节里"。——编者注

一个阿基里斯？为什么他如此抗拒为自己不当的性行为承担责任？和心理治疗中常见的情况一样，我从来没有机会回答这些问题，也没能让他的治疗得到一个满意的结果。他取消了接下来的两次治疗，留给我一条消息说，他感觉好多了。那是我们最后一次联系。

我掌握的情况是，吉姆没有再去过泌尿生殖科诊所。我也知道他没有再在本地医疗系统接受过类似的服务。我认为，有理由相信，他在短期内成功抵挡住了电话亭里的名片的诱惑，但我不知道他在那之后又会怎样——现实中，精神健康问题的复发率是比较高的。

我希望我成功地驱除了他的"恶魔"。我希望吉姆现在已经步入了幸福的婚姻，而不是躺在破旧的小屋里——脑中满是地狱般的幻象——身边躺着一个妓女。

但我能做的，也只是希望罢了。

在巴黎的萨尔佩特里埃医院学习时，弗洛伊德最喜欢的休闲活动是去圣母院两座尖塔之间的挑高的走廊上散步。他非常喜欢去那里，一有空就去。这条走廊又被称为"奇幻怪物走廊"（Galerie des Chimères），以各种奇形怪状的滴水嘴兽闻名世界。虽然这些奇怪的东西看起来像是中世纪留下的真家伙，但它们实际上是在19世纪中期仿造的。它们是在建筑师欧仁·伊曼纽尔·维奥莱-勒-杜克（Eugène-Emmanuel Viollet-le-Duc）及其搭档让-巴蒂斯特·拉苏斯（Jean-Baptiste Lassus）修复大教堂时被吊到现在的位置上的。巴黎圣母院与恶魔的关联源远流长。18世纪时，人们在唱诗席下面发现了一个异教祭坛，上面雕刻着一个有角的神的形象，而北门的鼓室中则有描绘一个主教与恶魔做交易的画面。

54座滴水嘴兽栖息在人行道上，每一座都有名字。最著名的是一个长着翅膀、陷入沉思的恶魔，被称为"吸血鬼"。还有一个叫"吞食者"。就像所有伟大的艺术作品一样，这些滴水嘴兽具有欺骗性。除了外观，它们都显得非常"现代"，因为它们的设计暗中呼应了如今的科学观点。例如，吸血鬼的后脑部位有一个明显的凸起部分。在研究头骨形状与心智能力之间对应关系的颅相学看来，这个部位的凸起意味着欲望强烈和纵欲行为。肿胀的嘴唇和尖尖的舌头进一步突出了它淫荡的特性。栏杆上的其他恶魔的外表如同一群发狂的动物，在朝下面的广场张牙舞爪并尖叫。它们体现了一种越来越普遍的对退化回兽性的恐惧——这主要是达尔文和许多研究进化的先驱们引起的。从理论上讲，进化存在停止并走向倒退的可能性。

我很容易想象出弗洛伊德的样子。他站在恶魔中间，俯瞰着巴黎——这座以堕落的快乐而闻名的城市。他是一个衣冠楚楚的年轻人，举止中总带有些焦灼感。他有着浓密、整齐的头发和一双敏锐的眼睛。他可能盘算着各种各样的事：他的实验室工作、催眠、大脑、歇斯底里的症状，还有那双花了他22法郎的、系带的、有英国制鞋底的新靴子。他也在与自己的"恶魔"搏斗。他不得不忍受与未婚妻的长期分离，一定急着回到维也纳，回归他的婚姻，回到他的婚床、他的"宝贝甜心""小公主""小心肝"身边。

也许这才是弗洛伊德理论的真正开端：一个在性方面未获满足的年轻医生被一群代表着欲望和兽性的"伙伴"包围着；他作为一个孤独的人，进入了一个宛如梦境的地方，而一群"恶魔"成了他迫切需要的象征，将其具象化了。如果说本我不是"恶魔的巢穴"，那它还能是什么呢？在弗洛伊德看来，我们每个人都被"附身"了。生理欲望化身为恶魔，滑下我们的脊髓，点燃我们的下身；它用色情产品填满我们的大脑；它让我们坠入陷阱，使我们俯首帖耳。正是它创造了我们的困境。

"恶魔附身"是性欲失控的完美象征。这就解释了为什么自从夏娃品尝过禁果后，撒旦的一切就与性如此紧密地联系在了一起。弗洛伊德可能已经用科学的语言净化了我们内心的恶魔，但尽管换了一种形式，它们仍然存在。当我们想做出违背良知之举的时候，我们仍然能感觉到它们在用尖尖的叉子戳着我们，怂恿我们前行，劝诱我们去触碰危险的红线。

第十章

脑内犯罪的低级文员

变质的爱

我有两个儿子，出生时间相隔23年，分别来自两段婚姻。这可以解释为什么到了我现在的年龄（我已经年近60），照顾初生婴儿的记忆仍然那么清晰。当第二个儿子出生时，我发现自己已经忘记了抚养长子时的很多经历。最让我难过的是，我忘记了日复一日的生活中的很多事——生活是如何在似乎无事发生的状态下继续的。作家和哲学家会赋予看似微不足道的事物特殊的价值。这些事物表明，我们大多数人注定会到达这样一个转折点：在回首往事时，我们最终会意识到所有小事实际上都有着重要的意义。幸运的是，我的小儿子出生时，我已经一大把年纪，早已领悟了这个简单的真理。

我躺在沙发上。屋里很黑，百叶窗也放下了，但外面街灯的亮光透过狭窄的缝隙渗进了屋里。我那只有几个星期大的小儿子正睡在我的胸口。身体的重量让他不断前倾，那柔软、芳香的小脑袋会蹭到我的下巴。我总要把他推回原位。每当我推他的时候，他都会表现得很不安。他会发出细微的吮吸声——

啾、啾、啾——然后到处摸索一番，才能安定下来。

我把手轻轻地放在他背上，注意到我的手能覆盖住他大部分身体。他那么小，那么脆弱，因此非常容易受伤。如果他从我的胸口滚落到地上，后果可能是灾难性的：视网膜出血、四肢骨折、脑损伤、颅骨骨折，甚至死亡。

倏忽间，我的心开始扩展。我感受到一腔爱意，它如此厚重，如此慷慨，如此广阔无垠，仿佛是一具身体无法容纳的。我感觉我的肋骨都要裂开了。接下来，这种爱——这种激烈的、动物性的爱——得到了一种超凡脱俗的意义。我俩仿佛在寒冷、荒凉的虚空中，在一块蓝绿色的大理石上旋转着，被毫无设防的人性之美围绕着。泪水从我脸颊上滑落，不停地涌出。我就这样哭着，哭着，哭了很久。

像这样的爱会在你毫无准备之时降临。我可以用神经递质、催产素、依恋理论和进化心理学来解释这种爱，但这些并不会降低爱对个体而言的意义或力量。许多做父母的都曾向我描述过类似的感受。

我们会为了保护自己的孩子而不顾一切，会毫不迟疑地付出生命。如果我们认为孩子处境危险，那么我们甚至会为了保护孩子的生命而大开杀戒。

为一个有可能伤害儿童的患者提供治疗是一件极具挑战性的任务，会引发极其复杂的道德问题。

这是一家医院门诊部三楼的一个房间，有着灰褐色的墙壁、作用鸡肋的布告栏、阴暗的绿色地毯和陈旧的办公桌椅。透过肮脏的窗户,可以看到广阔的屋顶和烟囱、高耸的摩天大楼和一架低空飞行的客机。

"我一直对孩子有兴趣。"

"你是说,性吸引?"

"是的……我想是这样,但是这个词……"

"性吸引。"

"在一定程度上是吧。我其实不太清楚这么说是不是准确。"

他年近四十,穿着保守,一头棕色的鬈发,戴着一副巨大的、镜片有颜色的眼镜。他的肩膀上布满了小片的头皮屑。他的表情虽然很平淡,却给人一种愁眉苦脸的下垂感,会让人想到某种猎犬。他的皮肤异常苍白,白皙的脖子上长着红色的疹子。

"你说,你一直对孩子有兴趣。"

"我在上学的时候对女孩不感兴趣。她们一发育成熟,我就觉得她们……没有吸引力了。"他用手在空中比画着,"她们身上发生的变化,身体的变化,让我失去了兴趣。"

"你对她们感到厌恶吗?"

"也不能这么说。我只是再也不觉得她们漂亮了。她们越成熟,我就越没兴趣。那时,我就知道自己跟别人不一样了。"

"那你现在觉得成年女性怎么样?"

"我对她们没有感觉。"

"你从来没有被成年女性吸引过?"

"偶尔会。翻杂志的时候看到某个模特，身材苗条，脸长得很显小，我就有兴趣了。但这种兴趣也不是很强烈。"他脖子上的红疹颜色变深了。"我讨厌自己这样。很讨厌。"他用双手抓住自己的头发，好像要把头发从头皮上扯下来似的。"这是不对的，我知道。但我天生就这样，不是我选的，我就是这样的。"他松开头发，更多的头皮屑掉落在他的肩膀上。"我在反抗，我一直在反抗这种天性。到目前为止，我还能控制自己。"

"你从来没有侵犯过别人。"

"我知道这是不对的。我没有碰过任何人。"

我能相信他吗？我不能确定："你谈过恋爱吗？"

"我从来没有过性经验。"他重新考虑了一下自己说法的准确性，补充道，"好吧，严格说也不算。我自慰过。"他转过身朝窗外望去，"但这和侵犯别人一样糟糕。"

他在用这种拐弯抹角的方式暗指某些不堪的性幻想。

"你会用什么辅助物吗？"

"用过。"对自己不正常嗜好的承认让他露出了紧张的神情。他看上去真的很痛苦。"童装广告册。"（这段对话发生在互联网普及之前。）他羞愧地低下了头。他继续说着，但是对着地板说的："我一直在努力，想解决这个问题。但情况并没有好转，在某些方面反而更糟了。我担心我有一天会再也控制不住自己。"

他把手伸进口袋，取出一块熨得整整齐齐的手帕。他展开这块蓝色的方形手帕，准备擦掉即将流出的第一滴眼泪。然后，他擤了擤鼻子："我很抱歉。"

为什么会有人产生恋童的倾向？

激素或大脑异常等生物学因素可能起到了一定作用。在医学史上，有过个体在脑损伤后的性兴趣对象从成年人转移到儿童的案例。与这种现象有关的部位是眶额叶皮层和左右背外侧前额叶皮层区域，颞叶部分的功能紊乱（与性欲亢进有关）也会造成影响。广义上说，从生物学角度进行的解释特别强调了去抑制（disinhibition）效应。去抑制效应理论的一个令人不安的假设性推论是，对儿童的性冲动比我们通常愿意承认的更普遍。恋童癖和非恋童癖之间的关键区别不是器质性的，而更依赖次级约束机制的效率。冲动控制主要由前额叶调节，而这是一个特别容易受到酒精影响的区域。这就是为什么我们能在酒精消费和对儿童的性虐待之间看到很强的联系。当前额叶功能失效时，本我就会得到充分的表达，人类潜在的兽性就会得到释放。当然，前额叶功能的效率也会出现自然波动，而那些处于低效期间的人更有可能做出不被社会接受的冲动行为。尽管恋童癖在人群中的一般比例为3%～5%，但美国一项在严格匿名条件下进行的研究发现，21%的男性承认自己对儿童会产生一定程度的性兴趣。

有人认为，恋童癖比同龄人早熟。这意味着在有魅力的同龄人还没有进入青春期时，这部分人就已经开始自慰。与同龄人有关的性幻想巩固了他们对儿童的性取向，而有些人终其一生也没能摆脱这种取向。

对恋童更为复杂的心理学解释强调了这类人在情感上的不

第十章 脑内犯罪的低级文员　　259

成熟和对成年人之间的恋爱关系的逃避。获得对性行为的完全控制的需求也是一个重要因素。

社会和文化方面的因素也可能会增强儿童的吸引力。更易得的儿童色情产品将提高使用这些产品进行自慰的可能性，从而强化性行为与儿童形象的联系，而且儿童也经常在广告中被刻意打造成性凝视的对象。在西方社会，瘦削和无毛（青春期前身体的两个特征）受到越来越多人的追捧。阴唇缩小术正在成为一种流行的整容手术，而整洁、无毛的阴道会让女性看起来像个孩子。这种新的性审美潮流如今已经被视为恋童倾向的体现。

没有哪种单一的理论能充分解释恋童癖的产生，所有的解释都存在缺陷。例如，"恋童癖逃避成年人之间恋爱关系"的观点显然是偏颇的，因为性侵案例中的很大一部分是父亲对女儿实施的，而他们是在存续的婚姻关系中伺机犯罪的。因此，几乎可以肯定，恋童癖是由许多因素导致的复杂现象。

总体上说，恋童癖并不会有罪恶感。他们缺乏良知，因此从这方面看和精神变态者（psychopath）类似。通过歪曲现实的辩解手段，罪恶感被最小化了："性虐待并不是真的有害""孩子们实际上很享受""早期的性经历可以消除成年后的烦恼"。不用说，恋童癖经常采用哄骗手段获得受害者的信任，因此他们通常都是狡猾的操纵者。

我的患者戈登承认与孩子发生性行为是错误的。这一点很不寻常。他似乎也会因为自己的想法和幻想而感到极度痛苦。

当时，我也在怀疑他是不是在操纵我，为的是达到某个我以后才会发现的阴险目的，但我每次看他一眼，就会否定这个念头。他是如此沮丧，如此绝望。他的声音有时会变得死气沉沉，语调失去起伏，令人不寒而栗。这是一个无法想象幸福、成就和未来的人的声音。

"我给慈善机构捐了很多钱。儿童慈善机构。"

"因为你有罪恶感？"

"是的。"

"可是你说过，你从来没有碰过一个孩子。"

"是没有。"

"那你为什么感到内疚呢？"

"因为我的念头，我的幻想。"

"大多数人都有念头和幻想。"

"但他们的跟孩子无关。"

"也许无关，但他们都有一些不想让别人知道的念头和幻想。而在现实中，他们也不想实践这些想法。"

"我小时候受的教育一直告诉我，想和做一样糟糕。"

"你家里信教吗？"

"是的。"

从道德层面看，思想和行为在多大程度上是等同的？大多数宗教都会给出"二者绝对等同"的答案，尽管会附加一些告诫。这也许是因为在任何宗教之中，神都是洞悉一切的。在神看来，思想也是一种可以被观察到的行为。不纯洁的思想和不纯洁的行为一样是有形的。但在一个无神的世界里，坏想法到底能有多坏？我们对坏想法的不适来自一个隐含的假设：如果我们想到去做某事，我们就会想做这件事。也就是说，对这件事的考虑提高了我们实施这件事的可能性。这一点也许是真的，但存在一个限度。性幻想和性行为并不完全一致。我们对激起我们性欲的对象和情境有性幻想，但这并不总是意味着我们想实施这些幻想。那些伤风败俗、被禁止或忌讳的事物往往是最令人兴奋的。调查显示，许多女性幻想过粗暴的性行为，但没有人想真的被强暴。不少男性幻想过伴侣出轨的情况，但考虑到男性的性嫉妒水平，很少有男人真希望自己的妻子和另一个男人上床。

虽然性幻想不一定预示着性行为，但如果与儿童有关的性幻想持续了6个月及以上时间，根据DSM-V的标准，个体便具备了被诊断为"恋童障碍"（pedophilic disorder）的条件。不过，这些幻想必须具备反复出现、程度强烈、能够唤起性欲并对个人造成痛苦四个前提。

"你多久会有一次性幻想？"

"我每时每刻都在幻想。思想、画面……它们出现在我的脑海里，让我抑制不住冲动。我试过阻止这些想法出现，但是根本没用。"当我们抑制想法时，它们往往会更频繁地重现。被压抑的想法甚至会影响我们后续做的梦的内容——这就是所谓的"梦反弹效应"。戈登的做法可能让他的问题更严重了。"我就是控制不了自己。如果我不能控制自己的想法……"

他看起来很紧张,于是我决定问他一些不那么尖锐的问题。我此前略过了他的背景,因此开始从他的家庭和工作经历问起。

戈登的父亲是一位退休的测量员,他的母亲是一位家庭主妇。他们在某种程度上都有些冷漠。戈登从未和父母中的任何一方感到亲近。即使他们现在都老了,他也很少去看望他们。"我们不会聊天。我们无话可说。"他有两个姐姐,他很喜欢她们。"我小的时候,她们总是把我捧在手心里。她们特别宠我。"他上过一所修道院小学,后来进入一所天主教会的现代中学。在那里,他被视为一个"聪明的男孩"。虽然在校成绩很好,他却没有去读大学。他一毕业就直接去了政府的福利部门,做低级的文书工作。他做这份工作已经20年了。"我不想升职。"

"为什么?"我问。

"升职代表要跟人有更多接触,承担更多的管理职责。"

"那有什么问题呢?"

他向窗外望去。窗玻璃上遍布着鸟粪留下的条纹。"我感觉自己像个冒牌货,一个大骗子。你认识别人的时候,即使是泛泛之交,他们也会问你问题。你住在哪里?你和谁住在一起?你周末会做什么?这些问题让我觉得不舒服。大多数男人在我这个年纪都结婚了,但我没有,那问题就来了。他们会想知道为什么我没结婚。我觉得他们很自然就会这么问了。"

"你有朋友吗?"

奇怪的是,他似乎有些慌乱:"交朋友也很困难,你知道,

第十章 脑内犯罪的低级文员 263

对于我这样的……"他抬起头来，直视着我，"友谊需要诚实，不是吗？我要怎么跟朋友说实话？"他转开目光，脖子上的疹子又变红了。

"戈登？"

他那平板的语调因激动而变得沉重。"我希望我在单位走进食堂的时候，不用害怕别人会跟我搭话。我想多跟我的姐姐们见面。我想和她们的孩子们坐在一起，和他们一起玩。我想……"他说到这里时停住了，右手的指甲抠着左手的皮肤，接着又说，"也许我太贪心了。"

我不这么认为。

同理心是站在另一个人的立场上为其考虑的能力，是我们非常重要的特点之一。我们所做的每一件事几乎都涉及考虑他人想法和感受的过程。我们在 4 岁的时候就获得了推断他人主观想法和感受的能力。这被心理学家称为"心智理论"（theory of mind）。听戈登讲话时，我能强烈地感受到他的痛苦、孤独、煎熬、内疚、折磨和恐惧。他的自我厌恶就像一种有毒的酸一样侵蚀着他的身体。他从未体验过性满足的滋味。他从未被亲吻或爱抚过。他从未体验过真正的亲密。我为他感到难过。

我见过许许多多在儿童时期遭受过性虐待的成年人，清楚这种经历会造成多大的伤害。我不得不看着他们为自己失去的天真而哭泣，为他们内心的小孩而哭泣——他们仍然在黑暗中颤抖，听着脚步声渐渐逼近，等待卧室的门被打开。

我为什么会为戈登感到难过呢？

我曾经治疗过一位患有抑郁症的外科医生。有一天，他的抑郁格外严重，让他泪流满面，无法与人交流。他就像被一团迷雾笼罩着。"我真是一团糟，"他嘟囔着，"真他妈是一团糟。"然后，他的手机响了。"不好意思，我得接个电话。"他听着电话，表情变得凌厉起来。他站起身来，开始在房间里踱来踱去。很明显，他在医院的同事们在手术室里遇到了某种危机。我的患者突然变得平静而充满威严。他的形象似乎变得更高大了，西装变得更合身了，站姿也变得更挺拔了。他开始盘点各种可能性，并迅速提出了一系列建议，声音在这个过程中显得稳定而有力，使用的语言则精准而专业。在很长一段时间的停顿后，他说："好吧？那就这样。"然后他关掉手机，瘫坐回椅子上。他脸上的肌肉松弛下来，五官像融化的蜡一样垂落。"我真他妈是一团糟。"他的声音变得破碎，他又开始哭了。

做一名专业人士就像拥有分裂的人格一样。你是一个个体，但你也代表一间办公室、一个岗位，代表一种无论如何都要完成工作的方式。在审视戈登的时候，我不能从我个人、顶着我的名字的个体的角度出发，而应该始终坚持作为一个心理治疗师的立场。一个心理治疗师必须在工作中把个人判断放在一边。

戈登是个坏人吗？

罪责与主体和选择有关。只有在一个人主动选择做了错事时，他/她才应该受到责备。如果一个性格无可挑剔的人因为遭受了脑损伤才开始猥亵儿童，我们不会像谴责天生的恋童癖那样强烈地谴责他。我们会把他的行为归咎于脑损伤，认为他很不幸，而不是很坏。但在现实中，天生的恋童癖也可能和这样的人同样不幸。事实上，也许没有人对自己的行为有完全的选择权。如果是这样的话，我们该如何判定罪责？该怎样以一种有意义的方法将某个人定义为"坏人"？

生活在18世纪末和19世纪初的法国数学家皮埃尔-西蒙·拉普拉斯（Pierre-Simon Laplace）是提出科学决定论（scientific determinism）原则的第一人。科学决定论是一种从机械论[①]角度解释因果关系的理论，假定所有的结果都遵循某种先决条件。科学决定论完全站在自由意志概念的对立面。这种理论认为，大脑产生思想，而大脑的每一种状态都是由大脑之前的状态决定的。虽然我们认为自己做出了选择，但我们的选择实际上是不可避免的结果。我们唯一的自由，是做出我们最终的必然选择的这一举动的自由。似乎在你行动之前，你的大脑就决定了你是会站起来还是坐下去。

如果没有自由意志这样的东西，所有的行为都是预先设定的结果，那么对罪责的判定就没有意义了。

科学决定论一直受到哲学家们的诟病。他们认为，实验室研究（专注于简单的决定，例如对移动一根手指的决定）过于简化，而我们在进行复杂决策（如对是否结婚的决定）或做出类似行为的时候确实会运用自由意志。也有一些高度投机的理

[①] 通常指以机械力学的观点来解释一切现象的机械唯物主义。——编者注

论通过把量子物理学的概念转换成神经科学的方式认可了自由意志的存在。在亚原子的层面上，我们的大脑可能不会遵循决定论的原则。量子世界是基于概率并充满变数的。先决条件是模糊的，能够产生许多不同的结果。

即使我们拒绝科学决定论，我们可能也没有我们想象中那么自由。我们无法选择自己的DNA，也无法选择自己大脑独特的生理结构。我们不能选择我们的神经递质水平、我们的激素、我们的家庭或者我们的早期生活经历。考虑到一个人是由很多因素共同塑造的，没有谁是真正"自主选择"成为一个恋童癖的。

我不是在为恋童癖辩护。性虐待会毁掉受害者的一生，高度创伤性的性虐待甚至会导致自杀，是无可饶恕的罪行。然而，作为一名心理治疗师，你不能因为从个体角度反感某些患者就拒绝为他们提供帮助。你必须在某种程度上找到同理心。我在动摇了我们道德确定性的裂痕之中、在我们对自由意志的理解的欠缺之处找到了我的同理心。

我认为戈登实施犯罪的可能性是比较低的，但这只是一种建立在他的表述、他说话的方式以及他当时的外在表现之上的判断。更重要的是，戈登周边没有儿童，他也不再去拜访姐姐们了。他几乎没有犯罪的机会。对一个如此抑郁的人来说，他自慰的频率高得不同寻常。情绪的低落通常会让欲望降低，但总有例外。

有一天，在治疗过程中，他说："我很抱歉。我要跟你说件事。"

"哦？"

他用一根手指沿着衬衫领子的里侧摸索着："我说我没有朋友……嗯，这话不完全准确。我偶尔会见到一对夫妻——巴里和简，他们住得离我很近。"

"好吧。"

一种无法缓解的紧张情绪在我们之间蔓延。他的皮疹沿着他的脖子爬到了脸上。

"是这样的，"他抱住膝盖，"他们有一个女儿。"

"她多大了？"

"6岁。"

这就是他来治疗的原因吗？这样他就可以把侵犯那个孩子的责任推给心理治疗？毕竟，他明确表示过他担心自己失去控制，而我什么也没做。

他猜出了我的想法："我没有……我不是在告解。"

"好吧。"

"她叫莫莉。"

"然后呢？"

他失去了勇气，表情变得茫然。

"戈登，你想说什么？"

我提示他继续说，但他没有回应。最终，他眼里的微光表明他回过神来了。他看向我，目光里有一种请求：他希望有人能结束他的痛苦。这种巨大的、戏剧性的痛苦被一股深切的绝望加剧了。我不会读心术,因此我总是建议不要根据外表对人进行过度解读,但很明显的是,他坠入了爱河——就像特里斯坦①、罗密欧或维特一样疯狂而悲剧性地坠入了爱河。我在观察人类这种动物,观察在人类特有的困境像尖角一样刺穿他们时,他们如何努力调和在这种特殊情况下已经发展到极致的天性中的矛盾。戈登被灵魂和本我这两股方向相反的力量拉扯着,往来于天堂与地狱之间。

渐渐地,他开始断断续续地坦白,时常夹杂着漫长而可怕的沉默。

他是在当地的一家酒吧认识巴里的。当时,巴里失业了,戈登给了他一些建议,告诉他如何跟福利部门打交道才能获得最大的帮助。后来,巴里邀请戈登到家里吃晚饭,于是他认识了简和莫莉(当时只有 5 岁)。他立刻迷上了莫莉。他谈到莫莉时的样子让我想起了德国作家托马斯·曼(Thomas Mann)的中篇小说《魂断威尼斯》(*Death in Venice*),讲述的是一名上了年纪的学者对一个漂亮男孩的单方面迷恋。这名学者观察了这个男孩好几个小时,并以一种柏拉图式的神秘主义诗意地表达出了自己的渴望:这个男孩完美无瑕,他就是真理。

莫莉是戈登的理想对象。但他要如何处置这个理想呢?

当我向他提出这个问题时,他把目光移开了,因为无论他

---

① 西方悲剧传说"特里斯坦和伊索尔德"的男主角。他是康沃尔王国的骑士,爱上了爱尔兰王国的公主伊索尔德。——编者注

多么想为自己的感情辩护，使自己的欲望显得高尚，他最终还是想和只有6岁的莫莉发生性关系。

"我知道我应该死心，"他说，"我知道这是不可能的。"

戈登和巴里一家交往了1年。夏天，他会和他们一起去公园野餐。他看着阳光在莫莉金色的长发上嬉戏，不知道自己在一个没有爱情的世界里能活多久，而他的爱意一旦得到表达，注定会伤害甚至毁掉他爱的人。

"我宁愿死，"他真诚地说，"也绝不会对她做出那样的事。"

心理治疗史上争议较大的案例之一是艾伦·韦斯特（Ellen West）的。她是一位年轻女性，有饮食失调、抑郁症和其他心理问题，因此接受了存在心理疗法的早期实践者路德维希·宾斯万格（Ludwig Binswanger）的治疗。路德维希明知道她很有可能自杀，还是让她出院了。3天后，她服毒自杀身亡。围绕此案的争议中，有一部分是针对宾斯万格对这一结果的思考的——他认为她的自杀"发自真心"。在他看来，艾伦行使了自己做选择的权利，而这个选择对她来说也许就是正确的。倡导为临终患者提供自杀协助的群体也提出了类似的论点。

如果戈登选择自杀，这对存在主义来说是个可以接受的结果吗？这不是一个能让我感到舒服的结果，但我能看到它具有某种功利主义的吸引力。对某些人来说，为保护他人而做出有意义的牺牲可能是一种救赎。

艾伦·韦斯特在出院后健康状况飞速好转。短期内，她似乎很快乐，多年来第一次能好好吃饭了。她是否认真地做出了赴死的选择，并最终获得了心灵的宁静？

"我宁愿死。"戈登重复道。我相信他说这话时是认真的。

尽管我试图治疗戈登的抑郁症，但无法回避的事实是，他的低落情绪与他对莫莉无可救药的迷恋和他的恋童倾向直接相关。我觉得有必要直接处理这个主要问题。

在我治疗戈登的那个年代，心理学家们认为性取向可以通过"条件反射"的方法来改变。在正常的性发育过程中，性取向是通过自慰得到巩固的。个体在这个过程中，在对受欢迎的性对象（通常是成年男性或女性）进行幻想与快感之间建立起了很强的联系。心理学家们认为可以通过同样的过程来改变性取向，于是设计了一种治疗方法——"高潮调整"——来达到这个目的。

这种方法具体步骤如下。

治疗师指导一个恋童癖用他通常关于儿童的幻想来自慰，但在高潮的时候，他必须去幻想一个成年人的形象。随后，将这种性对象从儿童到成人的转换一点点提前，使之在后续自慰过程中发生得越来越早。如果这种调整方式成功了，患者就可能与成年人发生性关系，并进一步巩固这种倾向。

我向戈登解释了这个理论，他非常感兴趣。我给了他一些额外的指示："你可能会发现，如果太早转换，你会失去欲望。如果这种情况发生，你就回到第一个幻想上，直到你确定不会失去欲望的时候，再去幻想一个成年女人。好吧？"

"好的。"

"但要保持把转换幻想对象提前的原则。尽量坚持每次都比上一次提前。"

"我会的。"

"哦,还有一件事,这件事很重要。我们这么做是在努力加强你对成年女性的兴趣,削弱你对儿童的兴趣,所以你绝不能在高潮到来之后继续幻想儿童。否则,这必然会加强儿童形象和性兴奋之间的联系。我们想削弱的就是这种联系。你明白吗?"

"我不会那样做的,"戈登严肃地说,"我保证。"

"你还有什么问题吗?"

"我应该多久做一次?"

"这取决于你和你的身体机能。如果你自慰得太频繁,你会发现自己很难兴奋起来,但这个方法只有在兴奋状态下才能起作用。你得自己去发现最佳频率。"

当戈登起身离开时,他似乎比平时更有活力了一些。他甚至试着微微一笑,表示感激。

这种基于条件反射理论的治疗是行为疗法的一种形式。总体来说,行为疗法被证实非常有效,特别是在治疗对蜘蛛或黑暗等事物的特定恐惧症时。许多心理问题就像已经养成的坏习惯:它们如果可以养成,也应该有可能被摆脱。但是,习得和遗忘只能在一定范围内实现。心理学界对这种改变性取向的方法的最初的热情很快就消退了。事实证明,这种治疗的可靠程度远低于最初研究结果所显示的。

在实践了一个月后，高潮调整的方法对戈登的性取向几乎没有任何影响。"不管我多少次在高潮时想到成年女人，我还是对孩子更有兴趣。"他透过他带有颜色的镜片盯着我。他非常失望。

我们讨论了其他选择。他打算尝试一下压抑性欲的药物："我觉得吃了那些药，我就不再是我自己了。这些药会改变我。"即使是充满了自我厌恶情绪的恋童癖，也希望保留自己的一些个人属性。他读到的文章表示药物中的雌激素会导致乳房发育，因此他的恐惧也是可以理解的。

我改变了策略，开始挑战他的浪漫主义，但他已经清楚他把莫莉理想化的行为很荒谬。"我知道，"他点点头说，"我把理想当成现实了。我简直是疯了。"

他也承认，他不再见巴里和他的家人可能对大家都有好处。在做出不再见他们的决定之后，他像失恋的普通人那样心碎了。有一段时间，他过得失魂落魄。

他的情况有了一些改善，尽管一直都很轻微。他更能接受没有爱存在的生活了。我猜想，这就是他遇到莫莉之前的样子。她唤起了他心中的情绪，让他产生了坠入爱河的感觉。我相信，能够开诚布公地谈论自己的性心理的机会也对他产生了一定的积极影响。这对他内心的压抑施加了一种反作用力。

"你现在觉得自己对生活更有控制力了吗？"我问。

"是的，"他回答，"有这种感觉。"

但我们都知道，如果他再一次看到莫莉头发上的阳光，这种信心就会消失。

在结束对戈登的最后一次治疗后，我内心感到不安。戈登是个恋童者。他已经走出我的办公室，走下楼梯，如今正走在街上，路过毫无戒心的父母和他们的孩子。在经过小学的大门时，他的目光会在白袜子和纤细的腿上停留过长时间。我不得不提醒自己，他从来没有侵犯过一个儿童。"我宁愿死。"他说。他的罪行只存在于他的头脑中，而我们每个人都或多或少地会在自己的头脑中犯罪。在一个无神的世界里，思想不等同于行为，而我们的想法无论多为世俗所不容，都只会发生在头骨围起的这一方空间内。

我把戈登的档案塞进公文包，合上搭扣。我从肮脏的窗户向外望去，穿过屋顶和烟囱，看到远处有云层在堆积。很快，车灯就会把雨水变成亮晶晶的圆点和破折号，而雨伞也会被风吹斜。我在原地坐了一会儿。

离开医院的时候，我立起大衣的领子，走进了人群——那些缺乏耐心、脾气暴躁的人正匆匆穿过耀眼的灯光。天已经很黑了。

当我回到家时，我仍然感到不安。

我的不安直到今天也未能缓解。

第十一章

天生一对的怪胎
旁人无法理解的爱

推荐信写得有些潦草：只有一段文字，签名难以辨认，看上去就像匆匆填好的个人简介。信上要求我给马尔科姆和麦迪看病，因为这对伴侣的全科医生认为他们患有"人格障碍"（personality disorder）。医生在麦迪身上发现了一些淤青，而麦迪解释说这是因为她"经常撞到东西"。医生对她的解释并不满意，怀疑存在家庭暴力的情况。

如何诊断人格障碍是一件颇具争议的事。许多心理学家认为，将"人格"（在各种情境下表现基本稳定的特征和性格配置）病态化是完全不合理的。这种观点有一定的道理。例如，我就遇到过一些没有达到"表演型人格障碍"（histrionic personality disorder）诊断标准的专业演员。这种心理疾病的表现包括过度情绪化、寻求关注和"戏剧性"的行为方式。实际上，这种诊断完全可以被挪用做戏剧学校的入门考试。

判断一个人的性格是否明显偏离文化规范是非常困难的，而且最终会受到主观因素的影响。我曾经接收过一些患者，他们在转诊信中被贴上疑似人格障碍的标签，而当这些患者坐在我面前的时候，我常常会对他们做出"完全正常"的判断。在这种情况下，我只能假设，把这位患者转给我的全科医生或精神病医生对"正常"的理解与我自己的有很大出入。

我同时约了马尔科姆和麦迪两个人谈话，但当我打开门时，门外只站着一个人——一个瘦削的女人，脸长长的，五官都很有棱角。她的上衣、裤子和鞋都是黑色的，风格相当男性化。然而，与这种服饰上的低调形成鲜明对比的是，她的头发短短的，呈尖刺状，染成了红色。不是一般鲜艳的红，而是一种足以令人震惊的红。我从推荐信上得知她已经45岁了，但她看起来年轻得多。她走进大楼，我领她进了咨询室。"马尔科姆呢？"我问。

"哦，"她回答说，"他突然有事……"

"工作吗？"

"唉，总有无法避免的麻烦，对吧？"

她坐下来，嘴里咕哝着什么，听起来很像"草地上的牛"。

我想我一定是听错了："你说什么？"

她笑了笑，但没有回答。

我向她讲解了伴侣治疗的过程。她听着，偶尔点点头。之后我问她，从她的角度看，他俩出了什么问题。

"问题吗？"她开始说，"好吧，好吧。我以为情况会变好，但我能做什么呢？嗯？人们能期待什么呢？我不确定，以前也不确定。事实上，没有什么是可以确定的。然而，生活还是要继续,不是吗?年复一年,我们就凑合着过吧。有时很顺利,有时很倒霉。有时候,事实上大多数时候,我们处于一种二者之间的状态。尽管如此,我向你保证,有时人们的确会提出问题。人们会疑惑,会含糊其辞。但是还能怎样呢?"

她说了很长时间,都没有说出一句有实质意义的话。她仿佛在不加选择地倾吐她的意识流。她并不完全是胡言乱语,但她的话杂乱无章,用词也不准确。我突然想到,她可能患有甘瑟综合征(Ganser syndrome)。这种综合征的主要特征是用与瑟确答案近似的错误答案来回答不熟悉的问题。然而,考虑到甘瑟综合征极其罕见,而且几乎只有男性患者,这种可能性是极小的。

有时候,麦迪的话中会出现一些让人可以理解的片段。"马尔科姆就是马尔科姆,我不得不接受这一点。我们就是我们。"但之后她会跳过正常的逻辑继续说下去,使用的语言就如同荷兰画家莫里茨·科内利斯·埃舍尔(Maurits Cornelis Escher)的版画中那些在视觉上无限循环的空间结构。她的话缺乏连贯性,不是拐弯抹角就是牵强附会。她还习惯于使用已经过时的词或俗语。"当然,我有我的底线。我不能容忍任何坑蒙拐骗。"

我不得不一遍又一遍地提醒她,她应该向我提供一个具体的问题。她会说"啊,好的",然后立刻重新进入牛头不对马嘴的语言模式。35分钟过去了,我什么有用的信息都没有记下来。我只写了日期,别的什么都没有。我低头看着白色的纸面,感到头晕目眩,仿佛是在望向一片虚空。我对麦迪和马尔科姆的关系出了什么问题没有任何头绪。

如果在这次会面结束前没有提出家庭暴力的问题,我会给人留下不负责任的印象。所以我问麦迪,她的淤青是怎么来的。

她从座位上站了起来,开始在房间里走来走去。"萝卜青菜各有所爱,对吧?听着,我不是一个招摇撞骗的。如果有需要的话,我可以在太阳下笔直地站着。但语境决定一切。"经过窗前时,她停了下来,又看了两眼。"那边那幢楼是什么?"

"那是一个研究机构。"

"他们研究什么?"

"精神疾病、神经系统疾病……"

"太阴森了……"

她继续走着,然后渐渐从我的视野里消失。我能感觉到她站在我的椅子后面。作为一名心理治疗师,你很难表达这种感觉有多么令人不安。你的患者一般都出现在你面前。我好不容易才忍住了回头看的冲动。我能听到她有规律地呼出空气,好像开始做运动了。"这不是否认的问题,"她说,"那有什么意义呢?"

我对着面前的空椅子说:"否认?"

"嗯,是的。"

"我没听懂,你到底在说什么?什么不是否认的问题?"

"这肯定是困难所在。一定是的!"

"对不起,"我说,"能请你坐下来吗?"我听见她一屁股坐在地板上。这时,我的决心终于动摇了,我回过头来。"不,不是那儿。我希望你坐在我前面的椅子上。"她站起来，顺从地回到她的座位上。我表示了感谢，补充道："也许你可以在这儿坐到结束？这样比较方便我们谈话。"

起初，她看起来很困惑，然后摇了摇手指，说："啊，是的，我明白了。比较方便。"她对我笑了笑，表达的显然不仅仅是善意。她的表情中有一丝调皮，就好像她特地抖了一个包袱，等着我给她捧场。

一小时过去了，我仍然没有做任何笔记。

第二个星期，麦迪和马尔科姆一起来了。马尔科姆是个60岁出头的矮胖男人。他的脸色有嗜酒之人的红润，但他笔直的身姿和敏捷的举止使人觉得他身体很硬朗。他握手的方式有力、热情而持久。

我把他们带进了咨询室。他们都坐好后，我请马尔科姆解释一下，他的全科医生为什么要将他们转诊给我。他耸了耸肩，挺胸回答道："在我看来，无论是过去还是现在，这个问题都是对价值观的一种妥协和忠诚。哪里会没有价值观呢？迷失、没了方向，在广阔的海洋上随波逐流。"

他说话的方式和他妻子一样奇特。他继续说了下去，但我很难确定他到底在说什么。过了一段时间，我就被无数从句和条件句淹没了。他经常会说出一些稀奇古怪的搭配，有时让人忍不住想笑——"骑着只会一个动作的小马的爱搞噱头的哲学家""抖得像只被单下的田鼠""保皇党家里的基佬床伴""声名狼藉的廉价姜饼"。

有一次,我问了马尔科姆一个非常简单的问题:他和麦迪在一起是否快乐。他的回答是一连串像迷宫一样复杂而松散的联想。最后,他用一种相当沾沾自喜的语气总结道:"我们过去经常去法国文化中心,但现在不去了——哦,不。那个地方挤满了芸芸众生——平民百姓。"他噘起上唇,然后大声宣布,"让他们吃蛋糕吧。"麦迪看了看马尔科姆,点了点头,她的表情流露出倾慕,甚至可能是骄傲?

我再次努力提出了淤青的问题。我试图小心翼翼地探讨这个话题,但他们似乎都不明白我希望得到哪方面的信息。于是,我说得更直白了。马尔科姆和麦迪交换了一个眼神,好像在分享一个只有他们才懂的笑话。他们看起来没有一丝尴尬或别扭。

最后,我只能直接问了。"马尔科姆,"我说,"你打过麦迪吗?"

他开始挪动上半身,就像一只梳理羽毛的鸟。他陷入了愤怒和混乱,接着是一阵剧烈的喘息声,然后,他开始滔滔不绝地说:"如你所料,麦迪是一个意志坚强的女人,也是一个优秀的女人——一个有成熟的理解力的女人,一个有高雅品位的女人,一个毫无保留的坦率的女人。有争执——当然有——剑拔弩张,火花四溅。但这些不过就是大风天罢了,就像谚语所说的,是茶杯里的风暴。那我能怎么办呢——我问你——当我感到失落,灰心丧气,无家可归——像狗一样——在屋顶上——是谁在夜里号叫?"

麦迪伸出手,碰了碰马尔科姆的膝盖,然后慢慢地缩了回去。那手势虽然简短，却温柔而充满爱意。

我又见了马尔科姆和麦迪两次。麦迪参加了最后一次治疗，在那之后便没有继续预约了。无论如何，我都要给他们的全科医生写封信，表明他们不适合接受治疗。在进行心理治疗之前，治疗师必须提出一个构想，阐明患者的问题是什么以及自己打算如何解决问题，但我无法确定这两个人的问题究竟是什么。此外，我甚至不确定他们的关系是否真的存在过问题。首先，马尔科姆打麦迪了吗？我不管用什么方式提问，都无法让他给我一个直截了当的回答。麦迪也是一样。全科医生可能在看到麦迪的淤青后对她的古怪行为感到不安，做出了过度反应。正是这种过度反应导致这两个古怪的人被转诊到精神病院，而实际上他们的表现是人畜无害的。

他们有人格障碍吗？他们没有达到DSM中任何特定人格障碍的诊断标准。更值得注意的是，马尔科姆和麦迪都没有表现出临床意义上的痛苦。他们确实会发生争执，在争吵时也会不愉快，但和普通夫妻的情况没什么不同。他们的古怪是毫无争议的。他们无法回答问题，这一点也很奇怪。但他们谈不上脱离现实，只是在以不同于大多数人的方式参与现实和社交世界罢了。

最有趣的地方在于，马尔科姆和麦迪找到了彼此。鉴于他们的独特之处，他们在世界上找到志趣相投的人的可能性一定很低。然而，情况恰似我们对爱情的浪漫理想——爱总会找到某种方式，让奇迹发生。我仍然好奇这出奇迹是如何发生的，他们是怎么认识的,之后是怎样求爱的。我想,他们必然在法国文化中心度过了许多快乐的时光——那是它被芸芸众生占领之前的事了——他们在那里讨论着爱搞噱头的哲学家和廉价姜饼。

在内心深处,我们每个人都是怪胎。阿尔弗雷德·阿德勒[①]曾经说过一句充满智慧的话:"唯一正常的人,是那些你不太了解的人。"我同意这个观点。

[①] 阿尔弗雷德·阿德勒(Alfred Adler,1870—1937),奥地利精神病学家、个体心理学的创始人,精神分析流派内第一个对弗洛伊德理论提出反对的心理学家。——编者注

第十二章

大脑切片

当我们解剖爱

课程表上写着"解剖学：脑部"。当我和另外两名学生一起来到解剖室，一位有着东欧口音的教授迎接了我们。一个水管工正在窗口检查管道。教授从一个塑料容器中取出一个大脑，放在一个打开的水龙头下面冲洗。他挤出福尔马林，把那团胶状的大脑放在大理石板上。我们像三个饥肠辘辘的孩子一样坐在那里，急不可耐，身下的椅子都向前倾斜着。教授在介绍过大脑主要的表面特征后，小心地切下几刀，轻轻地把两个半球分开。我曾经在厨房和餐馆里听过这种声音——一种多汁的物体被撕裂的声音。我们研究着皮层下的结构。然后，教授拿出一把大号切肉刀，从前往后切开大脑，露出一个横截面。他低下头时，我们偷偷地对视了一下，然后笑了。每一片大脑都呈现出有趣的灰质和白质组合。小脑中有一个特别漂亮的分支结构，叫"生命之树"。那个水管工出去拿螺丝刀了，但没有再回来。

坐在那里，听教授讲着熟练的英语时，我不禁在想，这些切片里是否埋藏着记忆的痕迹？一些残存的组织——在最尖端的技术的辅助下——可能被转化成动态图像。我带着一种忧郁的迷恋凝视着那些解剖切片，仿佛我持续的注意最终会迫使这个已经失去生命的东西袒露它的秘密。我开始想象大脑的主人生活中的场景。奇怪的是，我所想象的一切都与爱和亲密有关：一个女人躺在皱巴巴的床单上，从高高的窗户外射入的阳光照亮了她的裸体；酒杯边缘留下了口红印；海风吹起被烫成大卷的长发，背景是万里无云的天空。这样的记忆还会以某种形态或方式存在于这个大脑中吗？

如果生活中没有爱情，没有寻找爱、被爱和去爱的体验，那生活还剩下什么意义？然而，我们很少从科学和理性的角度去探讨爱。我们都有过坠入爱河的经历，但对它的运作机制却很少或根本不感兴趣。

当文学对爱情产生兴趣后，爱情通常是作为一种独立体裁而存在的。人们从未以严肃的态度对待过浪漫小说，而在浪漫喜剧中，作家制造误解和矛盾的标准手法会让我们嘲笑陷入爱情中人的愚蠢，使得爱情被进一步看轻了。更奇怪的是，人们相信爱情对女人非常重要，对男人却微不足道。拜伦有句名言："爱情是男人的生活的一部分，却是一个女人的全部存在。"爱情是粉红色的，镶嵌着羽毛装饰，散发着芬芳，可以为人生带来某种程度的趣味。爱情是精神层面的刺绣，是华而不实的东西。

在现实中，爱情被达尔文主义看作一种生物需求。这是大自然"红牙血爪"的残酷竞争的另一面。坠入爱河是一种危险的状态，会导致和精神疾病一样的症状。爱情一旦出了问题，结果可能是致命的。激情可能会变得扭曲和丑陋。

那么，我们为什么要用调侃的态度对待爱情呢？

弗洛伊德认为，我们会对那些最让我们焦虑的事表现出无所谓的态度。爱情的不稳定性显示了自我的脆弱。也许在一瞬间——在一个拥挤的房间里两双眼睛对视的刹那——我们就会迷失自我。我们会受困于欲望，变得疯狂。我们的全部生活可能发生翻天覆地的变化，陷入彻头彻尾的混乱。当我们获得完美之爱时，我们会变得谦卑。当我们探索彼此的孔窍时，不言而喻，我们不过是一群动物罢了。我们无法在交换体液的同时维持对自身的优越感、修养与崇高精神这些令我们感到欣慰的幻想。我们本性的矛盾——文明与兽性之间令人不适的紧张——会令我们坐立难安。也难怪爱情及其狂热的后果会让我们焦虑了。

爱情也可以是其他美好的东西。它可以带来无所不能、超凡脱俗的感觉，令人魂牵梦绕。它能让我们感到人生变得完整。无数研究表明，一段令人满意的长期关系会带来幸福与长寿。好的爱情如此强大，可以尽力推迟死亡的到来。与之相反的是，许多人表示，没有爱情的生活会让人感觉缺乏目标、流于表面、孤独和空虚。爱情使基因随着时间延续，代代相传；一个永不停息的重组过程致密地联结起整个人类社会。爱情是人类最大的共性。

在进化的压力下，人类选择了爱情，尽可能保证繁衍的成功率。在我们祖先生活的环境中，由负责任的双亲共同抚养的孩子有更大的概率生存。但这种情况一开始是如何形成的？爱的进化过程是否有一锤定音式的解释？这个问题的答案可以像水龙头下的海绵一样被压缩，也可以被切开、扩展成许多横截面。

与大多数动物的幼崽相比，人类的婴儿在寻找食物和独自求生方面的能力极差。有些矛盾的是，这种极端不能自理的情况恰是拜大脑体积所赐。智力赋予了人类几乎无法估量的优势，让我们成为主宰整个星球的物种，然而，硕大的头部使分娩变得非常危险。人类婴儿的头很容易卡在产道里，造成婴儿和母亲死亡的后果。从进化的角度看，大脑体积需要尽可能变大，但后代的生存和繁衍同样重要。这种难以解决的矛盾需要人类做出某些妥协。于是，与其他哺乳动物相比，人类的婴儿大约会早出生 12 个月，于是大脑会在子宫外继续发育一段时间。因此，人类的婴儿在出生时非常脆弱，必须得到悉心照料。在远古环境中，父母双方必须携手提供这种对生存至关重要的照料至少 3 年——这是后代克服早产的缺陷并获得一定程度的独立所必需的时间。父母的配偶关系虽然是短暂的，但必须是非常强大的——实际上需要比什么都重要，因为人类的未来完全建立在这种关系的保障之上。这就是为什么我们会为爱情奴役。当我们相爱，我们便不再自由。我们的理性大打折扣。我们的基因不希望我们以冷静、客观的态度接近潜在的伴侣，而是想让我们心中充满激情，变得头脑发热、不计后果。基因希望我们爱得疯狂。

如果我们的祖先没有疯狂地相爱，他们的后代就不会存活，也就没有机会发育成熟、充分利用大脑的优势，而你也就不会读到这本书了。

进化的压力选择了智力，但除了头部的大小，智力还带来了更为复杂的问题。我们的大脑让我们可以抑制自己的本能，而这是问题的本质所在，因为我们的基因想要的（繁殖）和我们的头脑想要的（自由）并不总是一致的。一个足够大的大脑意味着我们可以把自己的利益和偏好放在第一位。我们的祖先中可能有越来越多的人选择抛弃伴侣和孩子，甚至可能选择独身生活。这种趋势将导致物种灭绝。于是，进化采用了另一种妥协方式来抵消这些危险的可能性。至少在3年的时间里，人类不再是完全自私的动物，而是会被迫形成依恋、进行繁衍和照顾后代。而所有这些目标，都是通过用我们现在称为"爱情"的东西来限制理性的利己主义而实现的。

值得强调的是，进化是一个盲目的过程。进化没有总体规划，因此产生了许多"未曾预料到"的副作用。我们的大脑让我们在进化程序上享有一定的自由。例如，我们可以选择拓展建立伴侣关系的意义，使其不再仅仅是一项保证基因延续的权宜之计，而是囊括了很多"人性化"的理由：陪伴、幽默感、善良、相配性、共同的记忆、迷人的微笑、夜里相互依偎的温暖、翠雀花那样蓝的眼睛。我们每个人都有自己的理由。

在前面几章中,我针对爱情这个主题及其与心理健康的关系,提出了一些更加深入的思考。我提出的论点都不算标新立异,在许多经典文献中都可以找到。然而,我主要通过在医院和咨询室里与患者交谈形成的一个观点是,我们的社会文化忽视了人类活动的一个重要方面,而且为此付出了非常高昂的代价。我们忽略了早已被希波克拉底[①](Hippocrates)、卢克莱修和伊本·西拿纳入各自世界观的东西。在他们各自生活的古希腊、罗马和11世纪的波斯,当时的医生对相思病的理论了解比当代心理咨询师掌握的更多。在取得临床心理医生的资格之前,我总共读了8年心理学,而其中关于爱情的部分不过1小时。在坠入爱河或爱情出了问题时,个体会体验到巨大的痛苦。然而,他们通常不愿公开谈论自己的痛苦(尤其是在面对心理健康领域的专业人士时),因为他们觉得自己的困境是幼稚、愚蠢或尴尬的,或者自己的性幻想和欲望是肮脏或变态的。他们被告知要控制住自己、振作起来,或是要为自己感到羞耻。但是,想要控制在我们大脑中根深蒂固的情绪是非常困难的。而且,即便是专业人士的帮助也不能保证渴望和情欲会被治愈。通常情况下,心理治疗的目标是管理,而非治愈。

人们很少有机会直接观察大脑。如今,连神经科学家都没有多少理由去亲手触摸他们选择的研究对象了。随着神经成像技术的发展,传统的脑部解剖已经变得越来越多余。对我来说,

---

① 古希腊医师,被视为西方医学的奠基人。——编者注

对"解剖学：脑部"这门课的记忆一直奇异地挥之不去。我常常想起那些在秋日的光线中闪烁的大脑切片，想起在白灰相间的复杂图案中可能残留的关于爱的记忆。那朦胧的感受仿佛从未远去。

我当时要是多关注一下这位教授就好了。

当时的场景和环境仿佛暗示着某些在电影中常见的元素——东欧口音带来了戏剧性的压力，我身处的刚好是一间实验室，而一个人脑就像某种食材一样被切开和展示——它们共同渲染出一种独特的哥特式气氛。教授到底是从哪里来的？我猜，应该是特兰西瓦尼亚[①]一带吧。这一系列想象非常完美。

如果当时我再聪明一点儿，我可能会估算出教授的年龄，并意识到比起吸血鬼电影，他的口音说明的问题更加严肃。我可能会认为像他这样的人一定有一段有趣的过往，会加深和丰富我对大脑、生活以及爱情的哲学思考。我可能会在辅导课结束后不着急离开，多留一会儿，问更多问题，和他进行话题更广泛的交谈。但我没有。遗憾的是，好奇心只把我送到了特兰西瓦尼亚和画面远处吸血鬼德古拉伯爵的城堡阴森的塔楼上。

最近，我发现这位解剖学教授是大屠杀的幸存者。他在位于德国境内的贝尔根-贝尔森（Bergen-Belsen）集中营度过了一个冬天，他的父亲就是在那里被害的。这位教授当时还是个孩子。一想到存储在他大脑灰质中的记忆，我就不寒而栗——

[①] 罗马尼亚中西部地区，在传说中是吸血鬼的故乡。——编者注

到现在依然如此。

生活充满不确定性,而爱情是它的基本成分。随着年龄的增长,我发现经常提示自己这些真理是很有用的。在我看来,人类经常忘记那些显而易见的事。

"我恨他。我恨他。"

维里蒂是一位中年股票经纪人的妻子,来自一个富有的上流社会家庭。自从少女时初入社交圈起,她的生活就被一连串咖啡早餐会、乡村庆功会、健身房运动、网球公开赛、慈善活动和去格林德布恩①看歌剧占满了。她的孩子们都已长大成人,离开了家,但这并没有让她感到失去目标。生活很美好。事实上,生活一直都很美好。

然而,没有任何征兆的是,她的丈夫宣布自己再也无法感到快乐了。这完全出乎她的意料。他决定搬回肯特郡乡下他自己的房子里,并要求跟她离婚。当维里蒂问他是不是有了别的女人时,她的丈夫否认了。维里蒂不相信他。当传统的询问方式无法解决这个问题时,维里蒂选择了更极端的措施。她把昂贵的礼服和印花连衣裙换成了作战服,接连好几晚在丈夫新家附近的原野上露营。她买了一架高倍双筒望远镜,一个带有长焦镜头的照相机,还有一个远程监听设备。维里蒂不再像一个上流社会的女主人和4个孩子的母亲了。她的行为仿佛一个秘密

---

① 英格兰南部的一座庄园,以音乐节而闻名。——编者注

特工在敌后执行任务。这是一次非同寻常的蜕变。她的朋友们都以为她疯了。

维里蒂盘腿坐在病床上,我坐在她前面的一把藤椅上。床头柜上放着玛格丽特·撒切尔的传记和阿加莎·克里斯蒂的小说,旁边有一壶漂着灰尘的水和一个纸杯。她穿着一件宽松的羊毛衫和运动裤,头发凌乱,脸上布满了皱纹。她的体重在短时间内骤减,导致有赘肉从她的下巴垂落。

"我恨他。"她痛苦地重复道。

事实证明,她的丈夫是有了另一个女人——那个女人年轻又漂亮。维里蒂一直无法停止监视他们。她一直想知道丈夫新生活的一切,而她很快就知道了。就在那时,她的赋能感崩溃了。她被诊断为临床抑郁症。

"我只想知道真相。我也是这么对自己说的。我不想听信他的谎言,放他全身而退。我觉得他在侮辱我的智商。我不知道我为什么要继续这样做。我越来越没法控制自己,整件事变得很病态。"她紧紧抱住自己的头,就好像她的大脑被切成了几片,而她试图阻止它裂开一样,"我不知道怎么会变成这样。"她环视了一下房间,用惊恐的眼神接受了自己被送进精神病院的事实。"我已经不知道我是谁了。"她哭了一会儿后,我递给她一些纸巾。

维里蒂擦干眼泪后,说:"那个女孩——在我眼里她还是一个女孩——是东方人,而且……"她痛苦得快要说不下去了。"……别人都取笑我。当然,这种事总会传开的。人在有些时候非常冷漠，一点儿也不体贴。但我就那么可笑吗？"她托着下巴，开始思考些什么。"我说我恨他，但我知道这么说不准确。"一声沉重的叹息重新点燃了记忆的灰烬：也许她想起了酒店的卧室、巴黎的餐馆或是大风天沿着海滩的散步？"如果我真的恨他，我就不会这么痛苦了。我这么痛苦是因为……"接下来的话难以启齿，让她脸上露出了紧张的表情，"……是因为我还爱着他。"

这就是我一直在等待的——自我认知与真相，一些我可以利用的东西。现在，我们可以开始治疗了。

致　谢

感谢理查德·比斯维克（Richard Beswick）鼓励我写这本书，他是一位富有创造性、敏锐、热情的编辑。感谢我的经纪人克莱尔·亚历山大（Clare Alexander）。感谢尼古拉·福克斯（Nicola Fox）阅读早期的草稿。还要感谢妮丝娅·瑞伊（Nithya Rae）百般斟酌、令人赞叹的校对工作。

图书在版编目（CIP）数据

疯癫罗曼史 /（英）弗兰克·塔利斯著；许媛译.
北京：北京联合出版公司，2025.2. -- ISBN 978-7-5596-7778-5

Ⅰ. B84-49
中国国家版本馆CIP数据核字第2024KL7857号

THE INCURABLE ROMANTIC
by
FRANK TALLIS
Copyright:© Frank Tallis, 2018
This edition arranged with LITTLE, BROWN BOOK GROUP LIMITED
through Big Apple Ageney, Inc., Labuan, Malaysia.
Simplified Chinese edition copyright:2024 Ginkgo (Shanghai) Book Co., Ltd.
All rights reserved.
本书简体中文版权归属于银杏树下（上海）图书有限责任公司。
北京市版权局著作权合同登记 图字：01-2024-4487

疯癫罗曼史

著　　者：［英］弗兰克·塔利斯
出 品 人：赵红仕
选题策划：后浪出版公司
出版统筹：吴兴元
编辑统筹：王　頔
特约编辑：刘昱含
责任编辑：周　杨
营销推广：ONEBOOK
装帧制造：墨白空间·杨和唐

北京联合出版公司出版
（北京市西城区德外大街83号楼9层 100088）
小森印刷（天津）有限公司印刷　新华书店经销
字数189千字　889毫米×1194毫米　1/32　9.5印张
2025年2月第1版　2025年2月第1次印刷
ISBN 978-7-5596-7778-5
定价：56.00元

后浪出版咨询（北京）有限责任公司　版权所有，侵权必究
投诉信箱：editor@hinabook.com　fawu@hinabook.com
未经书面许可，不得以任何方式转载、复制、翻印本书部分或全部内容
本书若有印、装质量问题，请与本公司联系调换，电话010-64072833